电力机器人在变电站中的应用

Application of Robotics in Substations

国际大电网委员会B3.47工作组 ／ 著

范建斌　等 ／ 译

WUHAN UNIVERSITY PRESS

武汉大学出版社

图书在版编目(CIP)数据

电力机器人在变电站中的应用/国际大电网委员会 B3.47 工作组著；范建斌等译.—武汉:武汉大学出版社,2022.3
ISBN 978-7-307-22813-9

Ⅰ.电… Ⅱ.①国… ②范… Ⅲ.机器人技术—应用—变电所—自动化技术 Ⅳ.①TM63 ②TP249

中国版本图书馆 CIP 数据核字(2021)第 263865 号

责任编辑:路亚妮 责任校对:杨赛君 装帧设计:吴 极

出版发行:**武汉大学出版社** (430072 武昌 珞珈山)
(电子邮箱:whu_publish@163.com 网址:www.stmpress.cn)
印刷:武汉市金港彩印有限公司
开本:850×1168 1/16 印张:8.75 字数:241 千字 插页:2
版次:2022 年 3 月第 1 版 2022 年 3 月第 1 次印刷
ISBN 978-7-307-22813-9 定价:150.00 元

翻译组成员

组　长　范建斌

组　员　胡　浩　张世帅　黄国方　徐自亮

　　　　张　劲　佘　骏　王　琳　曾　多

　　　　林　涵　谢莉莉　丁沂珂　何　飞

　　　　刘　昕　谭　畅　张　静　刘晓铭

　　　　张　斌　谢　芬　常　炜　万　鹏

单　位　北京创拓国际标准技术研究院有限责任公司

　　　　国网电力科学研究院有限公司

前　言

传统变电站生命周期管理需要耗费大量人力,且通常会面临效率、一致性、质量和安全(尤其是在高压环境中)等典型问题,而当气候条件恶劣或地理位置难以接近时,这些问题将更加突出。变电站业主、资产管理者和工程师一直在寻求可以最大限度地保障安全并实现技术领先的途径,同时尽可能降低变电站建设、运行和维护成本。在变电站中使用电力机器人可以实现这些目标。随着人工智能(AI)和传感技术的飞速发展,目前已研发出诸多类型的机器人,以代替或辅助人类运行和管理变电站。其中一些变电站机器人已应用于实践,并获得了良好的效果。

本技术手册介绍了用于变电站建设、检查、维护和操作中的变电站机器人技术及其现有应用,并提出了当前和未来新的机器人系统的发展趋势,指出需要进一步开展的研究和标准化工作。

第 1 章回顾了机器人技术领域尤其是变电站机器人技术的发展情况,并介绍了作者所在工作组(WG)的宗旨及相关活动,最后展望了机器人在变电站中的应用前景。

第 2 章介绍了工作组对来自 15 个国家的 55 家公司的受访者开展的调研情况(受访者大多来自公共事业公司、学术界、机器人制造商、研发公司和咨询公司)。根据调研反馈情况,分析了该领域的技术现状及市场需求,并在本技术手册的后面章节对变电站机器人进行了阐述。基于不同的分类方法、不同的技术特征对机器人加以区分。

第 3 章对现有和新兴的变电站建设机器人及其关键功能、技术、优势和面临的挑战进行了深入探究。

第 4 章主要围绕变电站巡检机器人展开,内容包括其系统的一般架构、现有功能及关键技术。通过典型案例分析了巡检机器人的优势和面临的挑战,并基于用户需求和实际研发活动,预测了变电站巡检机器人的发展趋势。

第 5 章讨论变电站维护机器人,包括带电清洗机器人和带电维护机器人,并介绍了带电作业机器人的系统组成、功能、优势和面临的挑战。

第 6 章介绍现有及新兴的变电站操作机器人,如能够在无人值守的偏远变电站执行断路器操作的遥控机器人和消防机器人等。

第 7 章对当前相关标准化工作进行了介绍,并强调了进一步的标准化需求。在此具体参考了相关标准制定组织,如国际电工委员会(International Electrotechnical Commission,IEC)、国际标准化组织(International Organization for Standardization,ISO)、电气和电子工程师学会(Institute of Electrical and Electronics Engineers,IEEE),以及一些国家采用的标准。在此基础上,提出了变电站机器人的标准体系框架。

第 8 章对所做工作进行了总结,包括变电站机器人的研究及应用现状,并对该领域的功能需求和未来技术发展趋势进行了阐述。

本技术手册依据撰写时的相关报道和事实正确的信息。读者可查看附录 B 中提供的链接和参考资料,获取变电站机器人技术研发的发展动态。

著 者

2021 年 10 月

目　　录

1　绪论

部署在变电站的电力机器人可作为人力的外延扩充,在速度、敏捷度、持久性、工作距离、数量、一致性或准确性等方面都有体现。根据不同的使用场景,电力机器人可以在大小、功能角色和系统设备的自主性方面进行调整,以满足特定的要求。

变电站作为电网的节点,为电力传输的可靠性、效率和可持续性提供保障。为了满足变电站在建设、翻新以及运维过程中的需求,科研工作者已开展了大量工作,针对变电站服役的全生命周期,研发能够协助或替代工程师完成重复性和危险任务的变电站机器人。例如,运维机器人的一大优势是可用性强,为许多无人值守但必须确保持续运行的设施提供运维服务。

20 世纪 90 年代初,日本的研究人员着手设计、研发用于变电站和隧道巡检的机器人,但受限于当时传感器性能和系统可维护性,研发遇到阻碍。21 世纪初,随着传感器、计算机、人工智能(AI)和其他技术的迅猛发展,全球范围内对电力机器人的研究更加广泛,一些样机被应用于实际操作。2001 年,中国引进了用于变电站巡检的机器人。从那时起,各式各样的机器人陆续研发出来,并成功应用于状态监测、仪表读数、遥信和遥控等任务。特别是在中国,变电站机器人的应用已经非常广泛,目前有 1000 余座变电站在使用机器人。其他国家开展的研究也为该领域做了贡献:加拿大研发了多种远程控制履带式机器人,新西兰部署了基于视觉的巡逻机器人,美国开始使用红外(IR)热成像和局部放电(PD)检测机器人。自 2010 年以来,已经举办了四届国际电力机器人学术会议(International Conference on Applied Robotics for the Power Industry,CARPI),将电力系统机器人的"生产者"和"消费者"聚集到了一起。

为满足不同需求,变电站机器人的设计和功能非常多样化,因此除了巡视和巡检机器人之外,很少有一种机器人能够适用于多个工作场景。这体现出这一新兴技术领域的多样性以及未来将面临的多种多样的挑战和机遇。

为全面了解变电站机器人及其研究、应用现状,进而推广其在变电站中的应用,国际大电网委员会 B3.47"机器人在变电站中的应用"工作组(后均简称"工作组")于 2016 年 11 月成立,主要负责以下工作:

(1)调研全球范围内变电站机器人应用需求;

(2)定义主要应用场景;

(3)确定关键技术需求和挑战;

(4)开展对最佳实践案例的研究;

(5)确定标准化需求,并为后续工作提供建议。

工作组还整理记录了截至 2019 年的变电站机器人研究前沿成果及发展现状,并基于以上工作提出了一个技术路线图,展现了一种电力机器人有效且广泛地应用于现实生活的未来景观。本技术手册明确了最具发展潜力的应用场景,强调了关键技术,同时对技术发展探索中可能遇到的困难进行了讨论。

根据对电力公司、研究机构和机器人制造商代表的调查，本技术手册（TB）对该领域的全景概况进行了描述。这次调查覆盖 15 个国家，重点在变电站机器人研究领先的国家开展。来自 CAR-PI 以及工作组的成员对本技术手册的撰写也做出了贡献。在架空线路机器人方面，工作组还与另一个工作组 WG B2.52 协作。本技术手册多处引用由 CIGRE WG B2.52 技术手册 731 提供的宝贵信息。在 TB 731 的基础上，新成立的 CIGRE WG B2.74 工作组就无人驾驶飞行器（UAV）辅助架空线路巡检开展工作。本技术手册虽然旨在尽可能全面地为读者提供相关技术领域信息，但仍无法在全世界范围内提出现有或正在采取的所有解决方案。因此，以现有解决方案为重点，文中仅展示了最相关的案例。

从长远来看，变电站工程师和机器人工程师必将开展密切协作，共同向以下景象迈进：变电站将成为一个由诸多异构子系统组成、庞大而复杂的自主系统，如蜂巢环绕般嗡鸣作响。在未来设想中，这样一个宏大的系统只需要远程操作即可运行，遍布其中的机器人能全年无休地履行职责，为全世界的人提供安全、可靠、高效和源源不断的电力。

2　电力机器人调研及分类

2.1　调研分析

本次调研通过调查问卷的形式来调查机器人在全球变电站中的应用现状,并收集与本技术手册相关的信息。主要内容总结如下。

2.1.1　调查问卷设计

调查问卷由 54 个问题组成(面向公共事业公司、研究机构及机器人制造商代表等),主要涉及变电站机器人应用场景、功能需求、关键技术、当前应用、标准化要求等方面。调查问卷中的具体问题主要集中在以下几个方面:

(1)当前应用。

(2)优势。

(3)变电站机器人有待改进的方面。

(4)功能和技术,包括应用场景和技术(检测项目、定位和导航技术、移动机制、控制模式、通信方法和运维模式)。

(5)现有技术成熟度。

(6)标准化的要求。

2.1.2　调研结果概述

本次调研共收回 77 份完整的调查问卷,其中 61 份来自公共事业公司,15 份来自机器人制造商、高校及科研院所,1 份来自咨询公司,涉及行业主要包括设计、工程、运维、资产管理、市场营销等,问卷应答统计见表 2.1。调查对象为来自亚洲、北美洲、南美洲、欧洲、南非、澳大利亚等世界各地相关行业的从业人员,具体区域分布见图 2.1。这些调研参与者均拥有广泛的机器人应用经验和技术专长。

表 2.1　问卷应答统计

序号	调查对象类型	问卷反馈数量	公司数量
1	公共事业(输电、配电和发电)公司	61	43
2	机器人制造商、高校及科研院所	15	11
3	其他(咨询公司)	1	1
	总计	77	55

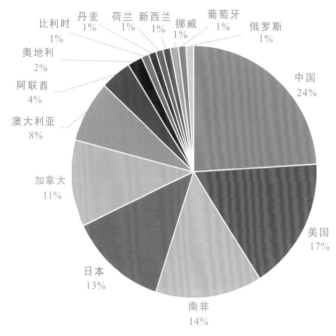

图 2.1　来自不同国家的问卷应答占比

2.1.2.1　现状

8 家公共事业公司的代表表示,他们的公司要么使用了变电站机器人的商业化产品(60%),要么使用了样机(40%)。3 家机器人制造商实现了工业化生产,已经生产了 200 多个机器人成品。也有一些调查对象表示,他们的公司目前由于能力不足和高成本的问题,并没有使用变电站机器人的计划,同时他们提到了有关变电站机器人运维工作复杂和可靠性不确定的问题。值得注意的是,一些公共事业公司代表表示,他们并不了解变电站机器人技术。

调查结果进一步显示,变电站机器人的运维工作主要由变电站的工作人员或外包运维服务供应商负责。已开展的机器人标准化工作,主要从技术性能、检测鉴定、安全等方面进行。

2.1.2.2　现有电力机器人功能

现有的变电站机器人主要在室内外环境和电缆隧道中得以应用。巡检机器人已可执行设备巡检、视觉识别、监测等任务。根据公共事业公司和机器人制造商代表的反馈,目前研发力度最大的是变电站维护机器人,另外,变电站建设和操作机器人也处在研发阶段。

2.1.2.3 电力机器人应用关键技术

(1)巡检设备:目前变电站机器人中最常见的巡检设备是可见光摄像机和红外热成像仪。一些公共事业公司已采用配备了声学传感器、超声波传感器和紫外成像仪的机器人。作为目前机器人的功能扩展,机械臂及其他专用工具正在研发中。

(2)移动平台:最常见的移动平台包括轮式、履带式和轨道式移动平台,然而近年来无人驾驶飞行器(UAV)作为一种新的移动方式正受到越来越多的关注。

(3)导航:在过去,全球定位系统(GPS)和磁轨迹引导是最常见的机器人导航技术。近年来,这些技术已被 2D 和 3D 激光导航以及无轨导航超越,同时,技术人员正在研发视觉导航系统。

(4)通信:Wi-Fi 是最常见的通信方式,目前正在使用的其他技术还包括蜂窝和有线通信。

(5)控制系统:半数以上的电力机器人采用自主控制;当需要执行复杂动作时,由工作人员进行远程操作。

根据来自公共事业公司代表的反馈,他们所在公司大部分已经实现了从机器人到变电站信息系统的数据传输,其中,超过 50% 的公司已经制定了相关网络安全政策。其余的则由机器人自动存储和处理数据。

2.1.2.4 优势及有待改进的方面

在变电站应用电力机器人的主要优势:变电站人员的安全性更高;提高运维管理效率;生成重要的运维数据;降低运维成本。

检查/操作功能和操作可靠性仍然是阻碍机器人应用推广的关键。大部分公共事业公司认为机器人的可操作性还需进一步提高,同时机器人制造商认为在环境适应性方面可以做进一步改进。

2.1.2.5 技术需求与发展趋势

超过 50% 尚未采用机器人的公共事业公司表示有意向在变电站运维过程中使用机器人,有 13家受访的公共事业公司表示,他们计划在 5 年内引进机器人。引起这一转变的主要需求包括变电站设备状态检测、运行安全监控、视觉识别、设备维护、恶劣天气巡检等。而表示无意在变电站运维中采用机器人的调查对象大多认为,机器人能力不足(54%)、生命周期成本高(50%)、操作和维护复杂(33%)以及可靠性低(33%)是其主要的考虑因素。

已在使用或研发机器人的公共事业公司、研究机构和机器人制造商代表则在调查报告中表示,期望进一步提高现有机器人系统的性能,扩大现有功能范围,以及开展更深入的研发。对于尚不了解变电站机器人优势的公共事业公司,红外热成像和视觉检查是他们最普通的功能需求,此外,还有紫外成像和局部放电检测。这些公司还希望机器人能够进行安全和特定类型检查、设备维护和应急响应。

2.2 相关定义

为便于更好地理解机器人技术,以下列出国际标准组织对机器人的定义。

《机器人与机器人装置——词汇表》(ISO 8373:2012)[B1]定义了机器人,并根据预期应用将机器人分为工业机器人和服务机器人。此外,该标准还表明,一个机器人系统可由机器人、末端执行器以及支持机器人执行其任务的任何机械、设备、装置或传感器等部分组成。

《IEEE 机器人和自动化标准本体》(IEEE 1872—2015)[B2]将机器人定义为一种能在物理世界自主完成预定任务或完成服从于其他主体的动作的施动装置。

目前,国际标准没有给出变电站或电力行业中使用的机器人的具体定义和分类[B3]。因此,根据对变电站目前使用的机器人系统[B4]的调查和分析结果,提出以下定义:变电站机器人是一种根据给定的或自主设计的路线或任务可自动移动或执行操作,或经手动远程操作,用于变电站的建设、巡检、运行、维护及其他阶段等全生命周期,协助或取代人力执行特定任务的机器。

本技术手册在上述定义的范围内编制,涵盖用于建设、巡检、维护和操作的变电站机器人。

变电站机器人的特点总结如下:

①功能用途:在变电站或变电站内重要设备的建设和运维的各个阶段,机器人可以完成一项或多项任务,如测量、巡检、维护、运行、分析、诊断等。

②环境适应性:机器人能够适应其工作环境,通常需具备防水、防尘功能且满足电磁兼容性。

③软硬件集成:机器人系统由机械结构、电子元器件和不同层级的软件组成。

④自主性:机器人通过软件集成,获得可编程的驱动机制,并具有一定程度的自主性或智能性。

⑤交互作用:在执行任务时,机器人需要通过任务设置、远程操作或主从控制与人工、系统和其他机器人进行协作。

变电站机器人通常由一个用于承载任务执行子系统(如巡检、维护和操作)的移动平台、控制和监控系统、通信系统及电源组成。

2.3 变电站机器人分类

根据应用场景、工作区域、操作模式、移动机制、导航方式等,对变电站机器人进行分类,如图 2.2 所示。

2.3.1 按应用场景分类

(1)建设机器人(construction robots):用于变电站建设的各个阶段,具有测量、设计、施工、安装等功能。

(2)巡检机器人(inspection robots):用于变电站巡检,具有对变电站主设备或其他特定设备及部件[如变压器或气体绝缘开关设备(GIS)]进行设备状态视觉识别、仪表读数、红外测温、局部放电检测等功能。

(3)维护机器人(maintenance robots):用于变电站维护,具有带电清洗等功能。

(4)操作机器人(operation robots):用于变电站设备操作,具有带电操作(如断路器、开关柜操作)、消防等功能。

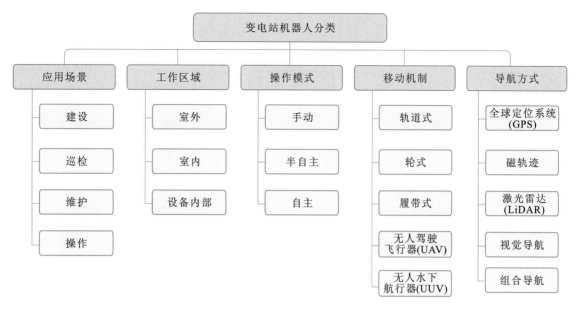

图 2.2 变电站机器人分类

2.3.2 按工作区域分类

变电站机器人的工作区域可以定义为机器人执行任务的区域,可大致分为室外、室内和设备内部。

(1)室外机器人(outdoor robots):机器人部署在没有遮蔽的地方,比如开关站,因此需要具备在复杂环境中工作的能力,并且必须能够经受雨、雪、阳光直射、极端温度和大风以及不同地形等室外条件影响。

(2)室内机器人(indoor robots):机器人在场站内工作,如换流站的继电器室、开关室、阀门室等。

(3)设备内部机器人(robots inside equipment):机器人部署在特定的设备内部,比如变压器或 GIS。

2.3.3 按操作模式分类

(1)远程操作机器人(tele-operated robots):如果机器人需要通过远程控制来工作,则称为远程操作机器人(也称手动机器人),也就是说,它通常由操作人员操控,并执行指令。

(2)半自主机器人(semi-autonomous robots):如果机器人具有一定程度的独立性,但在某些情况下仍需要人工干预,则称为半自主机器人。

(3)自主机器人(autonomous robots):如果机器人能够在不受外界影响的情况下展现行为或执行任务,则称为自主机器人。

2.3.4 按移动机制分类

(1)轨道式机器人(rail-based robots):轨道式机器人沿着安装在房间天花板或墙上的轨道移动,可以用于空间有限的室内环境,或人难以进入的工作区域。

(2)轮式机器人(wheeled robots):轮式机器人通过电动轮推动前进。虽然与其他类型相比,轮式机器人更容易制造和操控,但是它不能顺畅地越过障碍(如岩石等),也不能在陡峭的地面,或摩擦系数低的表面工作。

(3)履带式机器人(tracked robots):履带式机器人使用履带在崎岖的地面上移动,通常对动力源有要求,并且其行进速度有限。

(4)无人驾驶飞行器(Unmanned Aerial Vehicle,UAV):基于 UAV 的机器人设计有飞行平台,用于变电站的总览检查。由于有效载荷有限,基于 UAV 的机器人目前主要用于携带摄像机来获取线路和变电站设备图像。

(5)无人水下航行器(Unmanned Underwater Vehicle,UUV):此类机器人具有防渗透性,因此可以没入液体中。它通过潜入变压器油下,可以检查变压器的内部缺陷。

2.3.5 按导航方式分类

当机器人沿磁轨迹行进时,可根据其所采用的导航技术进行分类。

(1)全球定位系统(Global Positioning System,GPS):作为一种新的常用 GPS 测量方法,实时动态定位(Real-Time Kinematic,RTK)的精度最近几年得到了极大的提高,目前误差已降低到几厘米以内。然而,当受到线路和设备等物体遮挡时,基于 RTK GPS 导航的机器人在变电站内工作的性能表现会受到影响。

(2)磁条导航:通过嵌入地面的磁条产生磁性轨迹,进而牵引机器人沿着磁轨迹移动。磁轨迹导航需要改造大量的基础设施,而且由于磁条很容易损坏,因此可靠性较差。

(3)激光探测及测距系统(Light Detection and Ranging,LiDAR):亦称激光雷达。室外机器人曾在设计中采用 2D 激光雷达,但是由于其扫描距离和范围有限,因此这一定位方法的可靠性有限。近期随着价格的下降以及制造商越来越多的使用,3D 激光雷达逐渐成为目前大多数机器人使用的最有效的导航方法。

(4)视觉导航(visual navigation):在大型的、视觉复杂的环境进行基于视觉信息的导航。这一新兴技术有望在未来得到广泛应用。然而,由于图像处理算法不够先进,视觉导航容易受到光照条件的影响。因此,该导航技术更适合在照明条件相对稳定、可控的室内应用。

(5)组合导航(combined navigation):此类导航结合了以上两种或两种以上的导航技术。

在本技术手册中,根据应用场景对变电站机器人进行划分,而在不同场景中使用的机器人也可以通过上面提到的其他方式进行分类。

3 变电站建设机器人

3.1 变电站建设机器人的特点

目前变电站建设工作中机器人的应用有限。因此,本章将主要介绍此类机器人技术在变电站建设的各个阶段中可能的应用,并对每种应用所需的功能与潜在问题进行分析,最后对各种分析进行总结。

变电站的建设工作被宽泛地定义为建造一个新的变电站,它们与常规建筑物的土木工程和设备安装类似。相比于大坝等大型基础设施的建设,变电站的工程规模有限,制约了自动化以及机器人在变电站建设中的应用。机器人技术在一般土木工程中的应用实例将在随后的章节介绍。

在图 3.1 中,虚线矩形表示建设各阶段可以应用的机器人技术。这里所说的变电站建设机器人,包括协作机器人,主要用于协助变电站的建设和其他工作。

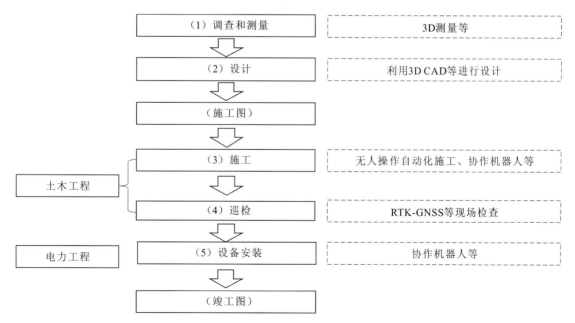

图 3.1 变电站建设流程图及可使用的机器人类型

(1)在调查和测量阶段,所得结果最好能够直接呈现在施工图纸上。要实现这一目标,必须将所测结果数字化,并直接应用到绘制施工图的 CAD 软件中。这可以通过在 3D 测量中使用 UAV(包括无人机)来实现。

(2)在设计阶段,若工作空间和设备之间的距离容易识别,则减少了绘制施工图所需的时间,便于从 3D 测量结果中获取数据,实现基于 3D 的设计。因此,建议使用 3D CAD 进行设计。

(3)由于施工费用昂贵,而使用无人自动化施工系统,能够不间断地施工,故能缩短工期,降低成本。

(4)巡检必须定期进行,在可应用的部分采用自动巡检会使这项工作更容易,而且巡检结果的处理和管理更便捷。例如,使用带有定位系统的机器人检测设备的位置,并将结果数字化,可确保竣工图能够精确反映设备的实际位置。

(5)在设备安装阶段,由于对工作的精细度有要求,无法完全使用机器人工作,但是工作人员仍可从机器人的支持和帮助中获益。

3.1.1　调查和测量

3.1.1.1　3D 测量

可使用包括无人机在内的 UAV 进行空中调查和测量。图 3.2[B5] 展示了一架安装有激光测量装置、用于测量和采集 3D 点云的 UAV。

图 3.2　UAV 进行土地调查和测量

利用现场照片生成的传统 3D 模型,只能生成与地表植物(如草或树)相关的数据。然而,激光具备很强的穿透性,其测量结果可以通过图像处理技术描绘出被草丛、树木或地面遮蔽的结构,如图 3.3[B6] 所示。

摄影测量技术和 UAV 的结合也可以应用于土木工程(图 3.4),并可以根据设计讨论会和公众咨询会上的具体要求进行图纸编辑[B7]。

目前,地基激光扫描仪(图 3.5)和 UAV 一同使用,用于调查地面状态及地貌特征。激光扫描仪测得的数据以 3D 点云的形式来显示,包括 X、Y、Z 和 $+\alpha$ 坐标[B8]。在这一过程中,我们可以通过所获得的高精度、低噪声、高密度数据,准确地展示堆场的表面形貌,如图 3.6[B9] 所示。

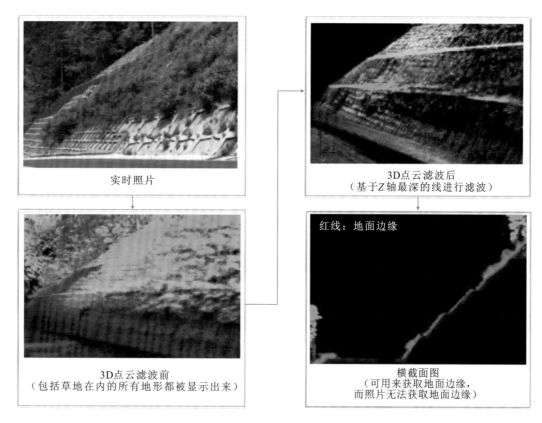

图 3.3 图像处理示例(UAV 得到的 3D 模型生成的地面数据)

图 3.4 UAV 摄影测量及其应用

(a)UAV 执行任务;(b)已完工区域的进度检查;(c)数字地形模型;

(d)用于设计讨论会的整体模型;(e)用于公众咨询会的详细模型

图 3.5　地基激光扫描仪

图 3.6　地基激光扫描仪使用示例图

　　3D 激光扫描仪也可以部署在现有的变电站现场,用以协助建设和设计工作。最新一代 3D 激光扫描仪具有快速扫描和超高精度的 3D 点测量功能,可以帮助初级的变电站设计人员确定关键而又难以测量的间隙距离,例如网孔电路布局中架空导线和高压设备之间的间隙距离。由于诸如罐式断路器以及包含隔离开关和罐式断路器的混合设计等的紧凑型开关的使用越来越多,同时期望现有变电站中开关架的空间最大,并弥补初始设计图纸中的偏差,因此对于高压设计人员和变电站维护人员而言,快速而精准的 3D 激光扫描仪是一个极具价值的工具。图 3.7 和图 3.8 是对两个不同规模的变电站进行典型的 3D 激光测量得到的结果。

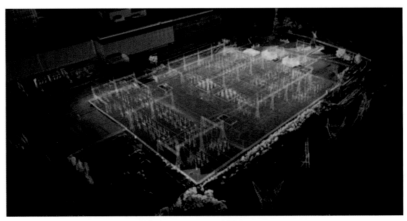

图 3.7　变电站经 3D 激光测量得到的鸟瞰图

> 黄色三角形表示测量员之前的测量位置。
>
> 它们大小的差异表示模型中测量员的当前视点与测量点之间的距离。
>
> 某个点的三角形越大,表示测量员距离该测量点越近。
>
> 所示的 ID(例如 CAI-1061：SW-061)是变电站 ID、方向和测量点 ID 的组合。

图 3.8 变电站经 3D 激光测量得到的正视图

3D 激光扫描仪的一些技术细节如下:

扫描速率:最高可达 1000000 点/秒,扫描半径最高可达 270m。

类型:波形数字化(WFD)增强超高速飞行时间法。

量程精度:1.2mm+10ppm,全量程。

视场:水平方向为 360°,垂直方向为 290°。

数据存储容量:256GB 内部固态硬盘(SSD)或外部 USB 设备(本例中使用 1TB 外部 USB SSD)。

为实现这一目的,需要设立一个专门的公司数据服务器来存储扫描产生的大量数据。分析软件提供仅供查看的网页界面,得到授权的人员可以通过公司内部网页浏览器进入该界面获得 3D 扫描结果。变电站建设阶段的 3D 模型可以作为巡逻和巡检机器人导航和定位的地图。

表 3.1 列出了 UAV 和地基激光扫描仪的优缺点,可见两者结合使用可以提高测量精度和工作效率[B8]。

表 3.1 UAV 和地基激光扫描仪的优缺点

比较项	UAV	地基激光扫描仪	传统的测量工具
工作周期	◎(短)	○(短)	△(长)
测量精度	○(根据高度和相机)	◎	○
可操作性	△(技能要求)	○	○
天气(雨、风)	×(风速小于 5m/s)	×	△
障碍	×(高压输电线路)	○	○
对第三人造成的危险	×(飞离,坠机)	○(无)	○(无)
设备成本	○(～300 万美元)	×(～1000 万美元)	◎(～200 万美元)
处理点群数据所花费的时间	×(长)	◎(短)	—

注:◎—极好;○—好;△—差;×—极差。

3.1.1.2　应用中所需功能和存在的问题

（1）由于在维护和管理阶段所使用的数据格式尚未确定，因此需要一种能够无缝应用于3D CAD软件的数据格式。

（2）测量精度需要明确。

（3）由于在雨天或存在很多阴影的情况下不适合使用UAV进行拍照测量，因此适宜收集数据的时间是有限的。

（4）目前，分析UAV拍照测量得到的数据需要使用高性能计算机设备，其成本非常高昂。

（5）在一些国家，比如日本，如果说应用区域存在较大的高度差，UAV的运行会受法规的限制，此时需要取得当地的法律许可。

3.1.2　设计

3.1.2.1　3D CAD

在设计图纸的过程中，设计师通常利用UAV（例如无人机或激光扫描仪）来获得3D点云数据，然后转换为3D CAD数据，随后用于设计图纸中。图3.9是变电站通过色彩影射得到3D点云数据的示例[B10]。

图3.9　变电站彩色3D激光扫描图像

图3.10是3D扫描仪数据与3D CAD模型集成示例。将现有设备的3D扫描数据转换为3D CAD模型，并将尚未安装的新设备的模型添加到现有的系统中，由此生成施工图[B10]。

3.1.2.2　应用中所需功能和存在的问题

（1）目前，尚未开发出一种易于修改的功能来反映巡检结果和设备的变化。

（2）必须开发出仿真功能，以便在维护、巡检、翻新等情况下用于确定工作空间。

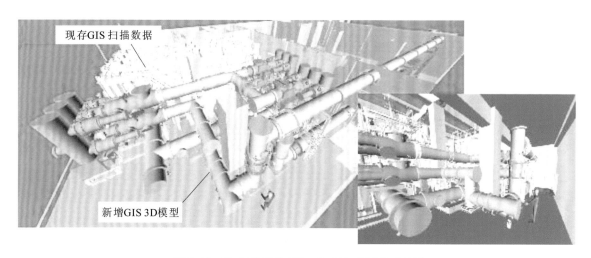

现存GIS扫描数据

新增GIS 3D模型

图 3.10　3D 扫描仪数据与 3D CAD 模型集成示例

3.1.3　施工

无人操作自动化施工机器人和协作机器人已经在建筑行业中得到应用。下面将对它们及其使用场景进行介绍。

3.1.3.1　无人操作自动化施工机器人(unmanned automatic construction robots)

无人操作自动化施工机器人通常用来缓解劳动力短缺情况和降低工伤事故风险,尤其适用于灾后重建工作。

(1)用来缓解劳动力短缺情况或降低工伤事故风险的机器人。

在日本等一些国家,由于工作条件艰苦、现有工程师老龄化、人口数量下降等,建筑行业普遍存在劳动力短缺的现象。使用机器人被认为是一个可行的解决方案,不但可以降低劳动力短缺对生产力造成的不利影响,更能够减少人为错误和降低工伤事故风险。

(2)灾后重建中机器人的应用。

在受灾地点,诸如发生地震、滑坡或泥石流等灾害的地方,施工人员可以在安全地点远程遥控重型机械,安全而迅速地进行重建工作。

例如,操作员可以使用平板式设备提前指令多台施工机械进行协同施工,如图 3.11[B11,B12]所示。

如图 3.12 所示[B12],无人驾驶自动重型机械根据预先制订的工作计划自主工作,所用技术包括机械控制和全球导航卫星系统(Global Navigation Satellite System,GNSS)等。

矿山无人驾驶自动倾卸卡车已经投入使用超过 10 年。该自主化技术使采矿公司能够在最邻近大城市的集控中心远程控制偏远矿区的拖运卡车(图 3.13)。

自主化技术不仅提高了生产率,还提高了安全性。现有证据表明,与传统的拖运方法相比,自主化技术还可以减少超过 15% 的装载和拖运的单位成本。

所有的重型机械都是无人操作的，只需一名工人监控

图 3.11　旨在解决劳动力短缺问题和降低工伤事故风险的无人操作自动化施工实例

图 3.12　无人驾驶自动重型机械实例

（a）无人驾驶振动压路机；（b）无人驾驶自动倾卸卡车；（c）无人驾驶推土机

图 3.13　遥控拖运卡车

可以预见,在未来的某一天,这种已成熟的自主化技术的更先进的变体,可能在偏远的绿色变电站施工中得到更广泛的应用。人们对更高等级可再生发电资源不断增加的需求,带来了新的挑战:既要保证位于偏远地区的新建变电站的高质量和未来使用的可靠性,也要优化物流,降低施工成本。各种形式的自主化技术无疑有助于在降低电力基础设施施工成本的同时,提高未来变电站的质量。

对用于灾后重建的机器人而言,效率高且易于操作也是很重要的。由于常常要考虑成本,因此在操纵杆等通用机械的某个部位加装机器人已成为一种常见的手段。如图 3.14[B13,B14] 所示。

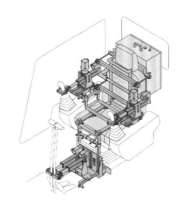

图 3.14　用于灾后重建的无人驾驶自动机器人示例

为确保人员安全,可通过无线局域网对用于灾后重建的无人施工机器人进行远程控制,如图 3.15所示[B14]。

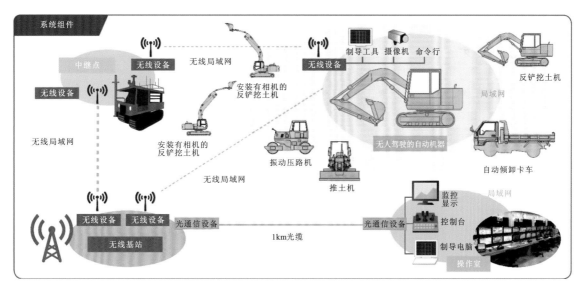

图 3.15　通过无线局域网远程控制无人自动施工机器实例

3.1.3.2　协作机器人

工人们使用各种各样的小型机器人来协助他们在建筑工地执行各种任务。

（1）柱钢框架自动焊接机器人（图 3.16）[B15]。

图 3.16 展示的是可以自动焊接钢管柱接头的小型焊接机器人。通过预测和控制机器人的移动速度，其可以自动焊接钢管所有的直、弯部位。最新的机器人可以预先记住避障动作，比如蹦跳，从而利用摆动功能顺利进行工作。

图 3.16 柱钢框架自动焊接机器人施工实例

（2）自主清洁机器人（图 3.17）[B16]。

建筑工地的清洁范围一般较广，给清洁人员造成了相当大的负担。这促使能够在大范围进行自主清洁工作的机器人的快速发展。最新款的清洁机器人配备了激光测距仪，能够识别周围的环境，在查看是否有台阶以及地面上的颗粒物和障碍物数量后，自行移动到适当的位置。

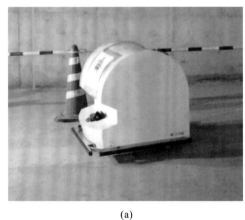
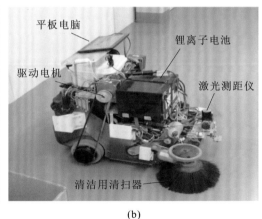

(a)　　　　　　　　　　　　　(b)

图 3.17 自主清洁机器人
(a)机器人在工作；(b)机器人的内部结构

（3）混凝土表面修整机器人（图 3.18、图 3.19）[B17]。

在许多建筑工地，修整混凝土表面是一项必需的任务，由于这项工作要求工人保持半坐姿势，因此对施工人员具有极大的挑战性。而且，根据混凝土的面积和表面凝固状态，这项工作也需要大量的人力或长时间工作。此外，传统表面修整机械很重，搬运路线和可用范围都受限制，这推动了混凝土表面修整机器人技术的发展。与传统方法相比，混凝土表面修整机器人节省了劳动力，也提高了施工效率。

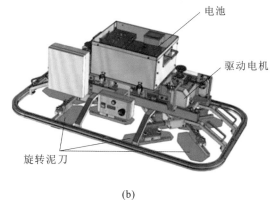

(a)　　　　　　　　　　　(b)

图 3.18　混凝土表面修整机器人

(a)机器人在工作;(b)机器人的内部结构

图 3.19　机器人进行混凝土表面修整工作

(4)钢筋绑扎自主机器人(图 3.20~图 3.22)[B18]。

在建筑业,熟练工人的老龄化和日益严重的劳动力短缺等问题给生产效率和生产力带来挑战,特别是在涉及螺纹钢的限时工作任务中尤为突出。因此,研发了一种自主机器人,可以在钢筋的一个交叉点用金属丝进行绑扎,然后移动下一个交叉点进行相同的工作。这类机器人能够自动检测钢筋交叉点和障碍物,精确控制需要移动到的位置,并使用绑扎机对钢筋进行精确绑扎。

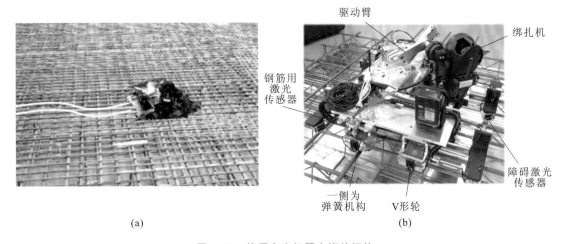

(a)　　　　　　　　　　　(b)

图 3.20　使用自主机器人绑扎钢筋

(a)机器人在工作;(b)机器人的内部结构

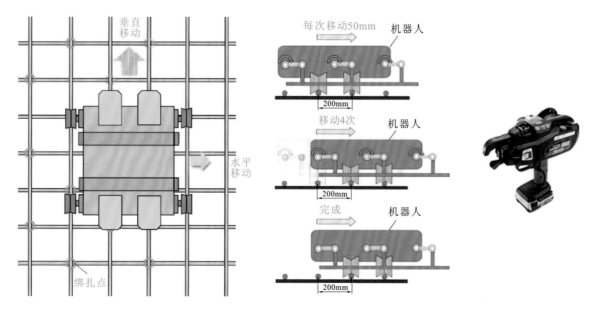

图 3.21 钢筋绑扎自主机器人的运动过程   图 3.22 绑扎机

(5)堆筑压实自动检测机器人(图 3.23)[B19]。

在土木工程中,诸如道路施工和土地平整等工程,都需要通过测试来确认堆筑压实度是否达标。这通常需要用到放射性同位素(RI)测量装置,该设备利用放射性同位素释放的少量辐射来测定土壤的含水量和密度。该方法存在诸如测量装置质量大、需要在夜间进行测量等缺点。为此,技术人员研发并应用了一种机器人,其结构为一辆由 GPS 导航的自主车辆后面牵引一辆拖车,拖车中安装有一套 RI 测量装置。操作者通过电脑程序事先设置好测量点,机器人就可以根据程序设定,自动移动到指定位置进行测量。

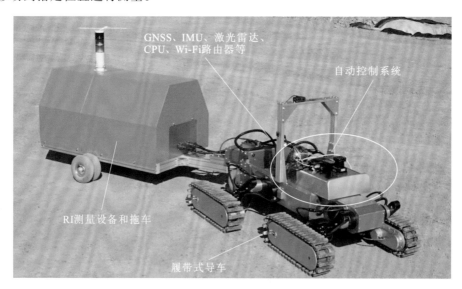

图 3.23 堆筑压实自动检测机器人

（6）混凝土墙面处理机器人[B20]。

克罗地亚萨格勒布大学的研究人员研发了一种可以处理混凝土墙面的机器人，如图 3.24 所示。

（7）运输 UAV。

在输电线路施工过程中，输电塔位置较远，给运输带来了一定的挑战，这促进了运输 UAV 的研发。其目的是最终完全取代直升机运输并且提高载重量，但是会缩小装载站的服务范围。

2017 年，使用电动马达的无人机的载重量在 30kg 以内。使用汽油型发动机的无人机自诞生之日起就能运输更重的物品，如图 3.25 所示。但是汽油型发动机由于噪声大（4m 远的距离为 80dB），因此仅限于在山区和其他无人居住的地区使用。另外，需要注意的是，根据航空法律，如果无人机的载重量太大，它就会被划入"飞机"类别。

图 3.24　机器人的结构设计及其在墙面处理中的应用

图 3.25　一台可承载 40kg 负载的汽油型无人机

3.1.3.3　更可取的机器人功能

虽然前文所描述的机器人主要由承包商自己使用，但使用者仍需要有关工作进展的数据，以监督其业绩。因此，机器人最好能够具备在工作现场有效、可靠地传送数据的能力。

3.1.4　巡检

3.1.4.1　高精度位置测量方法

在土木工程结束后巡检被平整的土地时，技术人员可以利用 GNSS 进行高精度的位置测量。在使用 GNSS 巡视器时，最精确的测量方法是采用 RTK-GPS 技术。在该方法中，使用 GNSS 同时从两个位置观测测量点：一个是参考站，其位置事先已知；另一个是巡检器，其位置未知，需要确定。在参考站观测到的位置数据将无线传输给巡视器，使其能够实时确定自己的位置。在 RTK-GPS 测量方法中，在一个参考站和一个观测点进行相位观测，并由参考站将自己测得的相位数据发送给观测点。观测点通过分析自身的 GNSS 观测数据和接收到的参考站位置数据，来确定自己的实时位置，如图 3.26 所示[B21]。

因为已经消除大多数误差因素，所以 RTK-GPS 测量方法的精确度极高（误差在几厘米以内）。

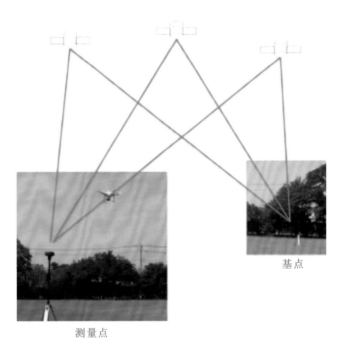

基点

测量点

图 3.26　利用 GNSS 巡检器进行现场巡检

3.1.4.2　所需功能

设备在施工现场图纸上的位置与其实际位置之间差别的数字化。

3.1.5　每个建设阶段所需的功能

表 3.2 总结了变电站建设机器人在每个建设阶段所需的功能。为了精确地控制机器人,操作过程中需要通过高清 3D 信息来获取机器人及其环境中所有物体的位置。随着 3D 信息处理变得越来越便捷,变电站建设机器人可以应用于检测包括变形等各种异常设备状况在内的各种日常管理和维护工作,并通过头戴式增强现实(AR)显示器确认工作完成情况。

表 3.2　变电站建设机器人在每个建设阶段所需的功能

建设阶段	所需的功能
调查和测量	提供可在 3D 中无缝使用的数据格式、对所需测量准确性的认证
设计	易于修改的功能,以反映已完成的巡检的结果和设备的变化;确定维护、巡检、翻新等工作中所需工作空间的模拟功能
施工	进度监控功能
检查	施工图纸与设备安装后实际位置间差别的数字化;通过头戴式 AR 显示器确认各个工作阶段的完成情况

3.2　关键功能和技术

3.2.1　GNSS

GNSS 是调查、测量和建设工作中的一项关键技术。GNSS 是卫星定位系统中的通用术语，包括 GPS、伽利略卫星导航系统（Galileo）、准天顶卫星系统（Quasi-Zenith Satellite System，QZSS）等。

除了调查和测量，GNSS 还可以用于无人驾驶自动施工系统内的自主机械控制或 GNSS 巡视器的现场巡检。

UAV 利用 GNSS 测量方法设置基点，并通过基点确定地面控制点（Ground Control Point，GCP）和自动飞行路线，如图 3.27 所示。这大大提高了测量精度[B8]。

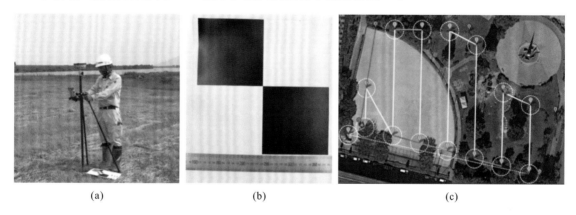

(a)　　　　　　　　　　　(b)　　　　　　　　　　　(c)

图 3.27　将 GNSS 应用于 UAV 测量以提高精度
(a)设置基点；(b)GCP 设置；(c)设置自动飞行路线

3.2.2　UAV

值得一提的是，UAV（包括无人机）在近年来已经得到跨越式的发展和改进，其对用户友好的操作系统，使得初学者也可以很轻松地操作它们。为了实现这一目标，技术人员增加和改善了很多功能，例如改进了支持飞行安全的飞行控制系统，增加了飞行数据记录功能，使用高精度 GNSS 天线实现自动飞行，无线电波传输系统监控接收状态并可自动改变模块以优化 UAV 接收强度，在飞行中进行无线制导，能够在紧急情况下返回出发点的回到起始点（RTL）功能。

3.2.3　IMU

惯性测量单元（Inertial Measurement Unit，IMU）是一种用于诸如 UAV 等移动物体的自主定位识别技术。它通过测量加速度和角速度来确定位移，并对之进行积分来计算方位和位置。随着微机电系统（Micro-Electro-Mechanical System，MEMS）技术的应用，IMU 的价格将越来越便宜，其应用范围也将越来越广泛。

3.2.4　SfM 和 SLAM

利用诸如运动结构恢复（Structure from Motion，SfM）和同步定位与地图构建（Simultaneous Location and Mapping，SLAM）等技术来处理安装在 UAV 上的扫描激光测距仪所获得的数据，来创建一个 3D 模型图。SfM 是一种通过拼接图像构造 3D 结构的图像处理技术。SLAM 是一种能够在已有地图上确认自己的位置，并同步构建地图的定位技术。

3.2.5　3D 点云数据和 3D CAD 数据

由无人机和激光扫描仪等构成的 UAV 获得的 3D 数据正变得越来越精确。因此，可以利用这些信息来确定距离，并生成设备的搬运路径。这些应用程序的例子如图 3.28 所示[B10]。

图 3.28　进场路线仿真

在安装设备或工作单元时也可以使用 3D CAD 数据，因为它是与设备图纸相结合的。图 3.29～图 3.31 展示了一些实际使用的例子[B10]。

最近，在编辑和处理 3D 点云数据并将之转换为 3D CAD 数据的专用软件方面，取得了很大的进展。因此，可以使用 3D CAD 数据创建现场安装工作的实时监控文档和维护手册。

图 3.29　GIS 单元装入仿真

图 3.30　接入平台设计示例

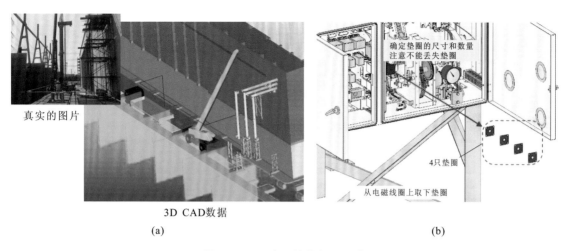

真实的图片

3D CAD数据

(a)

确定垫圈的尺寸和数量
注意不能丢失垫圈

4只垫圈

从电磁线圈上取下垫圈

(b)

图 3.31 3D 点云编辑/处理示例

(a)安装工作的实时监控文档;(b)维护手册

3.2.6 遥控重型机械

在许多应用中,无人操作的自动工作机器人,特别是进行灾后重建工作的机器人,需要安装在普通的重型机械上。通过反复改进和应用,这些机器人的安装时间变得更短,操作也变得更加方便,如图 3.32 所示[B22]。

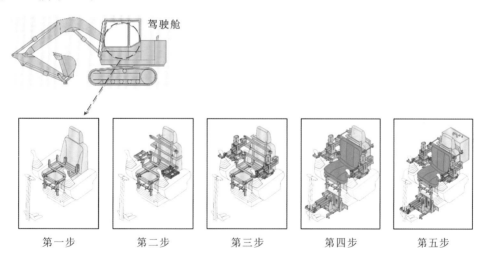

驾驶舱

第一步　第二步　第三步　第四步　第五步

图 3.32 将遥控机器人系统安装到驾驶舱的程序

第一步,安装座椅和防起吊框架;第二步,安装侧面和靠背正面框架;

第三步,安装工作杆驱动装置;第四步,安装靠背框架、行驶杆驱动和坐垫;第五步,安装控制单元

3.2.7 工程设备轨迹跟随控制与轨迹计算

当无人操作自动化施工涉及重型机械时,需要进行巡航控制和物体通行计算。因此,要采用合适的反馈自动控制的计算算法,使得设备在直线和曲线行驶中获得精确的跟随控制和转向角控制。图 3.33 和图 3.34 分别给出了直线和曲线行驶中转向角控制的示例[B23]。

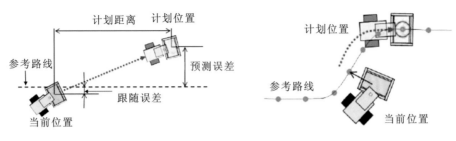

| 图 3.33 | 直线行驶转向角控制示例 | 图 3.34 | 曲线行驶转向角控制示例 |

3.2.8 测量传感器

在使用重型机械进行无人驾驶自动施工时,需要使用以下传感器检测机械的实际位置和状态,如图 3.35 所示[B23]:

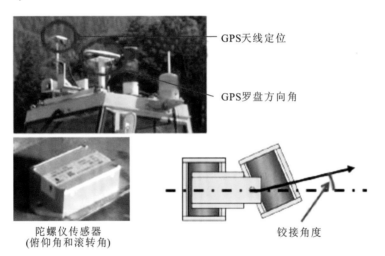

图 3.35 测量传感器

①机械位置测量:RTK-GPS 等。

②机械方向测量:GPS 磁力计。

③机械倾斜度(俯仰角和滚转角):陀螺罗盘。

④铰接角度(前滚筒与车驾驶舱的相对角度)。

3.2.9 低延迟数字高清图像通信系统

在无人操作的自动化施工过程中,需要一种已广泛应用的低延迟数字高清图像通信系统实现远程控制,如图 3.36 所示[B24]。

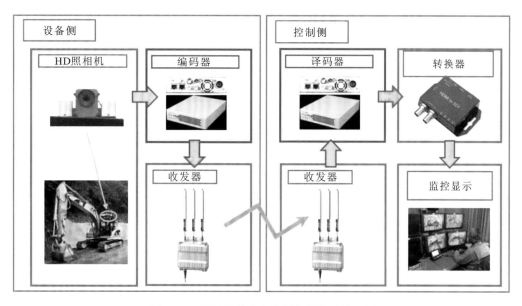

图 3.36 低延迟数字高清图像通信系统示例

3.3 现有和新兴的机器人系统

3.3.1 现有的机器人系统

3.3.1.1 远程土地平整工作实例

自 20 世纪 90 年代以来，在地震、火山爆发等自然灾害发生后，为避免次生灾害带来安全隐患，在应急救援行动中已经开始采用无人操作的自动化作业。机器人在应急救援工作中的应用实例很多，如图 3.37 所示[B24]。

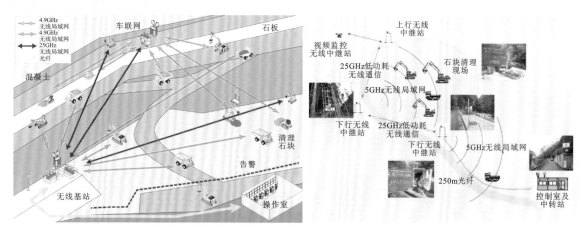

图 3.37 远程土地平整工作实例

3.3.1.2 施工-信息-建模/管理(CIM)

施工时迫切需要详细描述整个生产过程的最新操作手册。由于整个过程包括各种类型的工作和结构，因此编写这些手册需要大量的信息，花费大量的时间和精力。CIM 被认为是解决这一问题的有效的前沿解决方案，因为它运用 3D 模型，实现了施工工作的统一管理。预计在不久的将来，该方法将得到进一步的发展和实际应用，如图 3.38 所示[B24]。

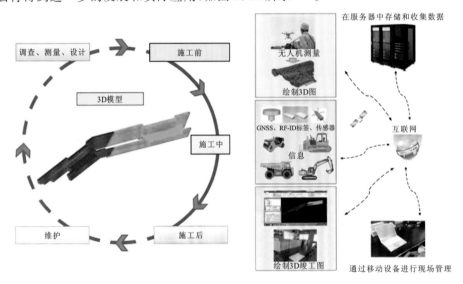

图 3.38 CIM 在施工系统中的应用

3.3.2 新兴的机器人系统

由于无人驾驶自动化施工是解决工人短缺问题和预防劳动事故的方案之一，因此各重型机械都需要实现自动化。

自动推土机、振动压路机、反铲挖土机和自卸卡车已经由各个公司研发出来。因此，我们希望进一步扩展自动化机器的类型，并研发能够联合操作这些机械的系统，最终通过物联网(IoT)技术实现土木工程全过程可视化，如图 3.39 所示[B25]。

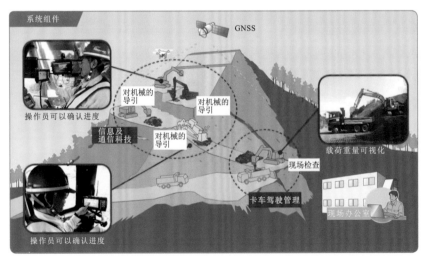

图 3.39 利用物联网技术实现土木工程全过程可视化

3.4　优势和挑战

3.4.1　优势

尽管对于大多数潜在用户来说,机器人系统的成本仍然过于高昂,但是机器人能够实现不间断工作,使得部分用于自动化的初始投资可以通过缩短建设周期而得到回报。此外,当无人化施工已普遍存在时,施工的安全性将得到极大的保障。

3.4.1.1　施工相关信息数字化的优势

从测量到竣工和巡检的各个建设阶段利用数字化信息,可以大大提高工作流程管理水平。另外,施工完成后不再需要手动修改施工图纸,因为图纸可以自动更新,以反映设备的实际状态。

最后,数字化将允许部署可进行 24 小时巡检的自动巡检设备。

3.4.1.2　无人自动化施工的优势

无人自动化施工有助于提高施工安全性,减少了土地平整所需的劳动力和时间。同时,由于提高了生产效率,故降低了成本,提高了质量。

3.4.2　挑战

3.4.2.1　可由公共事业公司修订的 3D CAD 数据

施工图纸中的数据是来源不同的 3D CAD 数据的组合:一个是从属于设备的 3D CAD 数据;另一个是通过转换来自 UAV 以及激光扫描仪的 3D 点群数据而得到的 3D CAD 数据。由于涉及的数据较为复杂,即使是对图纸的微小修改也会给公共事业公司带来不小的挑战。建设中既需要施工图纸,也需要反映各工作阶段完成情况的图纸。这些图纸有时会在检修工作期间做进一步修改。因此,3D CAD 数据必须易于理解,并在需要时方便修改。

3.4.2.2　支持竣工后检查

通过捕捉施工图纸和设备实际状态之间的差异,并将这些信息数字化,可以实现竣工后的自动检查,以发现和解决之前可能被忽略的问题。

实现这一目标需要精确的测量和定位技术。此外,必须研发轻型设备,允许工人利用 AR 技术在现场检查图纸。

电力机器人在变电站中的应用

3.5　结语

本章总结了机器人在常规建设中的应用。机器人在变电站建设中的应用并不多，比如旨在实现无人自动化施工建设的一些应用，由于变电站建设场地相对平坦，面积有限，实际上由人工或重型机械完成这项工作在经济上仍然更有优势。

然而，随着人口老龄化加剧，组建一支训练有素的施工队伍将变得更加困难。因此，应用3D数据和协作机器人来替代传统的施工队伍，对变电站建设大有裨益。此外，易于获取3D数据对于变电站设备的管理也是至关重要的。在这一领域，协作机器人的引入将对需要完成的工作起到极大的帮助和促进作用。

除此之外，如果协作机器人可以远程工作，那么它们将在维护和巡检工作中发挥更大的作用。

4 变电站巡检机器人

4.1 概述

4.1.1 需求分析

4.1.1.1 应用需求

巡检是变电站运维中的一项重要任务。机器人可以执行巡检工作,尤其是在危险环境或恶劣天气下,如图 4.1 所示[B26]。公共事业公司和机器人制造商愿意研发和应用机器人进行巡检的原因如下:

(1)保障员工安全:工作人员使用机器人关闭带电设备会比直接操作更安全。

(2)减少人工成本:机器人可以自动执行巡检任务,工作人员只需确认巡检结果,节省的时间可投入更复杂的任务。

(3)提高巡检频率:使用机器人可以提高巡检频率,从而可以更快地发现缺陷,进而提高变电站的可靠性。

(a)   (b)

图 4.1 不同天气条件下的人工巡检

(a)晴天巡检;(b)下雪后巡检

装有照相机、热像仪、紫外线照相机、局部放电传感器等巡检传感器的机器人可以执行巡检或巡视任务,例如拍照、抄表、开关状态检查和数据分析[B3,B4]。

4.1.1.2 技术要求

通过部署巡检和巡视机器人来辅助或免除人工巡检,需要克服许多难题。这不仅需要改进功能,还需要机器人具备自主作业能力、环境适应性以及高可靠性和稳定性,具体如下:

(1)巡检能力:巡检机器人需要观察设备状态并通过摄像机采集图像以进行远程监控或自动分析。它们还可以通过其他传感器(例如热像仪和局部放电检测器)获取实时巡检数据,并将数据传输到监视和控制系统。为了能够灵活地获取信息,机器人通常配有云台系统,以实现横向和纵向旋转。

(2)运动性能:为了满足室内外巡检以及特殊巡视和巡检任务的需求,巡检机器人应具备广泛的运动能力,例如爬坡和越障,并能在工作环境中有效移动,且应配备电池管理系统以满足续航要求。

(3)信息传输:巡检机器人还应该具备可靠地传输信息的能力,以传输远程控制命令和巡检数据。

(4)定位和导航:巡检机器人需要具备高度精确的定位能力,并且必须能够自主移动。

(5)人机界面(HMI):HMI允许工作人员编辑巡检任务,监视设备运行状态,访问巡检数据以及报表。

(6)环境适应性:巡检机器人应能够适应环境干扰,例如刮风、降雨、下冰雹、下雪、扬沙、扬粉尘以及不同季节温度和湿度变化。在变电站工作中,电磁适应能力也是巡检机器人抗干扰的必备能力之一。

另外,由于机器人需要长时间在人迹罕至的偏远地区或某些特殊环境中工作,因此需要很高的系统稳定性。这主要包括巡检结果的可靠性、机器人主体的鲁棒性和可接受的故障率。易于维护同样很重要,因此机器人的设计应足够简单,以便现场人员能顺利解决问题。

4.1.2 发展历史

20世纪90年代,日本研发了轨道式机器人,利用相机和红外成像设备进行远程监控,如图4.2所示[B27]。然而,由于传感器可靠性低,维护要求复杂,这些机器人并没有得到广泛应用。

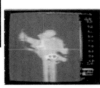

图4.2 日本的轨道式机器人样机

中国对变电站巡视机器人的研究始于1999年,2006年在500kV变电站中使用了第一台自动巡视机器人,如图4.3所示[B28]。从那时起,中国陆续研发出多种基于无人地面车辆(UGV)的巡视机器人并将其应用在变电站中,而且解决了许多技术问题。现如今,机器人采用GPS定位、2D激光定位和导航来代替磁导航,这大大提高了它们的运动灵活性。此外,它们的巡检范围已从可见光和红外监测扩展到基于超声波和瞬态地电压(TEV)的局部放电检测。迄今为止,中国已经使用了1000多台室外巡视机器人[B29,B30]。

图 4.3 中国研制的第一台巡视机器人样机

在过去的 10 年里,许多其他类型的巡检机器人被研发出来,例如室内轨道巡视机器人、阀厅巡视机器人、局部放电巡检机器人和变压器内部巡检机器人,在这一领域中,加拿大、美国、新西兰、巴西和日本已经取得了非常重要的进展。

表 4.1 概括了一些现役巡视机器人的应用场景、移动平台、检测仪器等。

表 4.1 现役巡视机器人列表

序号	应用场景	移动平台	定位/导航	传感器	巡视项目	研发国家	应用现状(样机/试运行/投运)
1	室外设备	无人地面车辆	磁导航,激光导航	可见光摄像机,红外热成像仪	指针式仪表,数字仪表,隔离开关,油位指示器	中国,美国,新西兰,日本,加拿大	投运
2			磁导航,激光导航	可见光摄像机,红外热成像仪			试运行
3		轨道式移动平台	轨道	可见光摄像机,红外热成像仪		中国	试运行
4		无人驾驶飞行器	带惯性导航(INS)的GPS系统	可见光摄像机,红外热成像仪	—	美国	试运行
5	室内设备	轨道式移动平台	轨道	可见光摄像机,红外热成像仪	指示灯状态,压力板状态,仪器	中国	投运
6		车轮式移动平台	磁导航,激光导航	可见光摄像机,红外热成像仪		中国	试运行
7	变压器内部	无人水下航行器	远程控制	可见光摄像机	变压器	美国	投运
						中国	样机
8	GIS	车轮式移动平台	远程控制	X光检测设备	GIS	中国	样机
9		车轮式移动平台	远程控制	可见光摄像机	GIS	中国	样机

4.2 系统架构及功能

4.2.1 系统架构

目前,巡视和巡检机器人系统通常依靠移动平台上携带的检查设备实现变电站数据的采集、处理和分析。如图 4.4 所示,其主要包括移动平台、巡检系统、控制和 HMI 系统、通信系统及其他辅助设备。

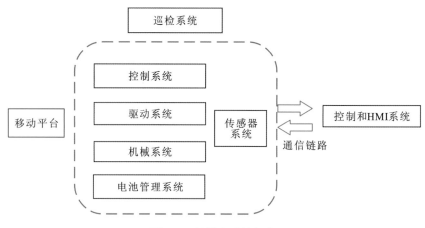

图 4.4 机器人系统组成

一些巡视和巡检机器人系统配备了辅助导航设备或远程中央控制系统。它们可以自主地或通过远程手动的方式对变电站设备进行本地巡视和巡检、自动识别状态以及远程视频巡检。

4.2.1.1 移动平台

移动平台通常由移动装置、控制系统、电池管理模块和其他组件组成,具体构成取决于特定的运行环境。车轮和轨道移动平台在实践中最为常见。移动平台可以携带环境感应系统实现自主定位和导航,从而由中央控制系统控制机器人主体。控制命令可以是一组预定任务,也可以通过遥控器发出。为了实现自主定位和导航,机器人通常会携带多个传感器,如超声波传感器、GPS 装置、2D 激光扫描仪、3D 激光扫描仪、立体声摄像头、里程表、IMU。

4.2.1.2 巡检系统

巡检系统由巡检传感器、数据采集和处理模块、云台系统或升降系统组成。目前的数据采集系统主要包括以下巡检设备:高分辨率变焦镜头、红外热成像仪、TEV 或特高频(UHF)传感器、紫外成像仪、超声波传感器。

4.2.1.3 控制和 HMI 系统

控制和 HMI 系统由监控系统、HMI、智能控制和分析软件以及控制器组成(图 4.5)。有些系统能为外部系统提供交互界面。例如,有的机器人具有变电站的生产管理系统(PMS)交互界面、辅助监视和控制系统以及安全子系统的接口,当发生警报时,机器人将快速移至警报点进行检查和监控。

(a)

(b)

图 4.5　控制器及监控系统

(a)控制器;(b)监控系统

4.2.1.4　通信系统及其他辅助设备

为了实现自主巡检,大部分巡检机器人通过无线通信与控制系统互联。有些还配备了其他辅助设备,如电池管理系统、辅助导航设施和环境传感系统。

4.2.2　系统功能

现有的巡检机器人能够检测室外设备、室内仪表盘和机柜以及特定的变电站设备中的各种缺陷。它们的巡检任务包括变电站设备的实时监控、基于可见光图像的自动识别、发热缺陷的检测、局部放电的检测以及缺陷的信息管理。在这些机器人中,很多还具有在变电站内自动定位和自主导航的能力,因此它们能在需要时用于自主巡检。

4.2.2.1　视觉成像和设备状态识别

变电站内最重要的巡检任务依然是目视检查,因为这是发现可见异常的唯一方法。工作人员通常会采用带有高分辨率传感器和高倍率变焦镜头的高品质相机进行此类检查。

图 4.6 及图 4.7 展示了加拿大魁北克水电公司变电站机器人收集的视觉图像。

(a)

(b)

图 4.6　地面机器人提供的巡检图像——断路器控制面板和放大的仪表盘

(a)断路器控制面板;(b)放大的仪表盘

(来源:加拿大魁北克水电公司)

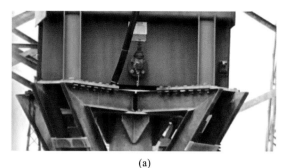
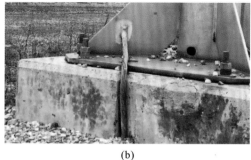

(a)   (b)

图4.7　地面机器人提供的巡检图像——油阀和接地导体

(a)油阀;(b)接地导体

(来源:加拿大魁北克水电公司)

现有的室外巡检机器人利用图像处理和模式识别技术实现对仪表读数和开关设备通/断状态的自动识别,并执行故障检测[B31-B35]。一般的巡检机器人识别率可以达到80%以上。用于识别异物和变电站设备漏油的检测算法也正在研发中。

(1)仪表读数自动识别。

目前,变电站巡检机器人可以识别多种不同的仪表,包括指针仪表、数字仪表和液位仪表,如图4.8所示。为了实现此功能,系统中使用了霍夫变换、支持向量机(Support Vector Machine,SVM)和深度神经网络(Deep Neural Network,DNN)等技术。这些算法使得室外仪器的识别率超过99%,且不受环境条件的影响。

(a)   (b)

(c)   (d)

图4.8　变电站中的可读仪表

(a)单指针仪表;(b)多指针仪表;(c)数字仪表;(d)液位仪表

(来源:中国国家电网公司)

（2）开关设备通/断状态自动识别。

除了自动抄表，变电站机器人还可以通过检测断路器、隔离开关（剪刀式、旋转式或折叠式）和除湿器的颜色来识别它们的状态或获取相关结构信息，如图4.9和图4.10所示。得益于分类算法和线方向检测的优势，在正常气候条件下，其识别准确率可达100%。

(a)　　　　　　　　(b)　　　　　　　　(c)

图4.9　空气开关、断路器和除湿器
(a)空气开关；(b)断路器开关；(c)除湿器
（来源：中国国家电网公司）

 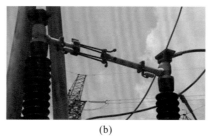 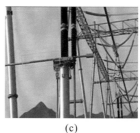

(a)　　　　　　　　(b)　　　　　　　　(c)

图4.10　隔离开关
(a)剪刀式；(b)旋转式；(c)折叠式
（来源：中国国家电网公司）

（3）指示器自动识别。

负责室内设备巡检的变电站机器人可以通过确定亮度变化或检测是否存在闪烁来识别指示器的状态，如图4.11所示。色相、饱和度和数值（HSV）颜色模型用于获取每个指示器的亮度水平，并将其与预定阈值进行比较，以确定指示器是打开还是关闭状态。这项技术的识别精度最高可达100%，且已广泛用于变电站的室内检查。

4.2.2.2　红外热成像和发热缺陷检测

变电站巡检机器人通过红外热成像仪[B36]采集红外热成像，检测发热缺陷，从而自动检测电气设备中的发热缺陷。尽管热成像相机的分辨率与光学相机相比偏低——高端热成像相机的分辨率通常为640像素×480像素，但某些型号的相机能提供更高的分辨率（如1024像素×768像素）和软件增强功能。这类相机的主要优点是图像采集频率高，可以快速检测到任何发热点和异常操作情况。它们还可以对常规检查流程中未涵盖的其他设备进行热监控。这是非常有价值的，因为有时次要设备引起的问题和故障会在变电站的其他位置产生有害的后果。

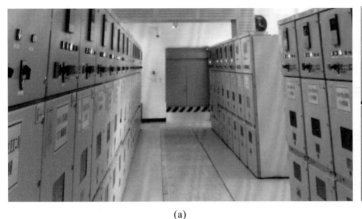 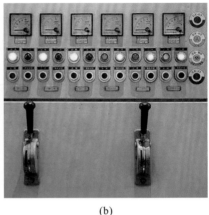

(a)　　　　　　　　　　　　　　　　(b)

图 4.11　控制柜指示灯

(a)室内环境；(b)柜上的指示灯

(来源：中国国家电网公司)

图 4.12 给出了变电站机器人在加拿大魁北克水电公司收集的两个热成像示例。

 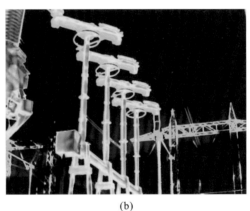

(a)　　　　　　　　　　　　　　　　(b)

图 4.12　地面机器人提供的热成像——断路器和电流互感器

(a)断路器的热成像；(b)电流互感器的热成像

(来源：中国国家电网公司)

红外热成像仪主要用于：对站内设备进行全面的温度扫描；精确测量单个设备的温度。机器人可以在其中检测电源变压器、仪表变压器、开关触点、母线连接器以及其他设备的温度，从而全面覆盖变电站设备和组件，如图 4.13 所示。

4.2.2.3　声发射测量

变电站内的声音测量有多种用途。首先，工作人员的耳朵或麦克风和数字测量系统直接听到的声音可以提示电晕效应和电弧、气体[压缩空气或六氟化硫(SF$_6$)]泄漏或发声设备(尤其是电力变压器)的异常工作状况。这种检查对周围的噪声高度敏感，在某些情况下可能不适用。可以部署巡检机器人来克服这些问题，因为它们通常配备有声发射检测器，能够采集环境中和设备发出的实时声信号。这些数据会被传输到控制系统进行分析。也可以测量变电站总体噪声水平，以确保敏感区域(如城市地区)噪声处于可接受(监管)数值。

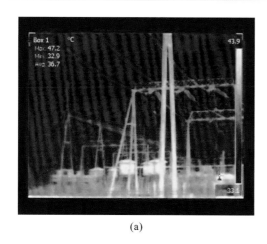 

(a)　　　　　　　　　　　　　　(b)

图 4.13　整体测温与精确测温

(a)整体温度测量;(b)单台设备的精确温度测量

(来源:中国国家电网公司)

4.2.2.4　局部放电检测

到目前为止,基于超声波和射频分析的局部放电检测技术已成功应用于室内外巡检。室内和室外通常采用不同的局部放电检测技术。由于室外设备大多暴露在空气中,因此需要以下检测技术:紫外成像设备、UHF 检测仪、超声波局部放电检测器、TEV 探测器。

在大多数情况下,采用超声波和 TEV 相结合的方法来检测空气绝缘开关柜和环网柜的局部放电强度。轨道式室内巡视机器人也配备了这些传感器,但是由于受电源、电机和无线电噪声引起的干扰而无法检测到小幅度放电。一些基于 UGV 的室外巡视机器人安装了在线日盲型紫外成像仪,用于检测空气绝缘变电站中的局部放电强度,而且可以通过分析历史数据来定性估算设备局部放电强度。

机器人还可以使用与室内仪表盘和机柜接触的 UHF 设备来检测变电站设备之间的局部放电分布。当前可用的模型可以执行自动信号采集,这有助于手动检测局部放电。紫外局部放电检测器价格高昂,使用寿命短,而且光子图像的质量因设计不同而有很大的差异。基于以上原因,这种检测器在人工或机器人巡检领域都还没有得到广泛应用。图 4.14 所示为紫外图像探测电流测量变压器上的电晕放电。

图 4.14　紫外图像探测电流测量变压器上的电晕放电

(来源:中国国家电网公司)

4.2.2.5　数据显示与管理

除了上述可见光成像和识别外,还有红外热成像和探测以及声音测量技术。机器人目前能够向监控系统实时传输图像、视频和声音信号,这有助于及时评估巡检数据、可见光图像、红外热图像以及现场声音,从而帮助运维人员远程实时掌握变电站信息,见图 4.15。

图 4.15　监控系统概览

根据检测到的发热缺陷和设备异常,机器人系统可以自动分析温度变化和历史趋势,并比较相似设备或各相之间的温度变化。这些智能分析和诊断功能有助于自动确定设备故障,并发出警报以采取进一步措施。该系统还生成红外温度测量值或异常外观报告,并自动将巡检数据(如温度、开/关状态和仪表读数)和缺陷警报上传到其他信息管理系统,如图 4.16 所示。

图 4.16　室外巡视机器人系统示例

(来源:中国国家电网公司)

4.2.2.6 自主性和远程操作

当巡检机器人部署在变电站时,运维人员可以自行设定巡检机器人的日常任务、巡检计划和位置。机器人还可以根据预先设定的自主巡视和巡检计划,或在手动远程控制下,进行专项检查。这种灵活性有助于及时检查相关设备,降低运维人员的安全风险。

(1)自主性。

如果变电站巡检机器人的巡检任务是可以定期或按需重复自动执行的例行任务,那么这项技术就特别有价值。

巡检任务设置界面应与大多数常用系统一致,以便现场运维人员能够轻松掌握增加、删除或修改检查任务所需的技能。

理想情况是,发生紧急情况或意外事件,可以实时修改巡检计划。例如,操作员可以远程控制机器人完成计划外的调查,之后可以恢复其自动程序。

(2)远程操作。

尽管自主巡检是部署机器人的最终目标,但在紧急情况和高度非结构化的环境中,始终需要使用远程操作功能来进行巡检。图 4.17 为变电站巡检机器人的远程操作图形用户界面示例。

图 4.17 变电站巡检机器人的远程操作图形用户界面示例

(来源:加拿大魁北克水电公司)

4.3 关键技术

变电站巡检机器人所采用的关键技术大致可分为以下几类:

①移动机器人技术:机器人能够在环境中自主移动并定位、检测障碍物。

②巡检技术:巡视和巡检所需要的信息采集和分析技术。

③交互与控制软件:机器人控制和 HMI 系统所涉及的软件技术。

4.3.1 移动机器人技术

4.3.1.1 移动平台

(1)车轮式移动平台。

大多数巡检机器人采用车轮移动方式,因为这种机构可以在相对平坦的地面上灵活、高效地运动。然而,差速轮机构在有限空间中的运动会受到很大限制。为了克服这一缺点,现已研发了全向轮式移动平台,它可以提供直线运动、横向运动、斜向运动、旋转和原地转向等功能。

全向轮式移动平台的主要技术挑战来自运动学计算,因为需要根据底盘的预期速度确定每个车轮的转向角度和行驶速度。为此,技术人员为全向轮式移动平台建立了运动学模型。但在实际应用中,由于机器人运行速度较低,因此往往没有考虑机器人的动态效应。目前,大多数移动平台的速度在1m/s左右,承载能力不足100kg。

室内(如配电室和机房)巡视和巡检,需要能够灵活移动的小型机器人。一般通过搭载小型移动平台来实现,如图4.18所示。在机器人整体设计中,使用有限元分析来优化零部件的数量和结构,使整机质量减至40kg以下,且尺寸紧凑(通常小于600mm×500mm×780mm)。

图 4.18　车轮式移动平台

(2)履带式移动平台。

为了使机器人能够在不同的地形上行驶,可改进常规的车轮式移动机构,现已研发出几种更合适的移动机构,例如四轮与六轮加前后摆动关节以及行星轮机构。履带式移动平台具有更好的地质特征适应性,可在各种路面条件(包括水泥、沥青、砖块、冰面、积雪、碎石和草皮地面等)下快速移动,该平台还可以越过电缆沟、小型排水沟、道牙石、不同高度人行道之间的台阶以及楼梯(图4.19),从而使得机器人可以在整个变电站内实现平稳移动。尽管履带式移动平台适用于变电站内所有常见地面,但由于能源效率低、履带磨损、道路损坏以及需要经常维护,因此并没有得到广泛的应用。

(3)轨道式移动平台。

目前,轨道式移动平台主要用于室内环境中承载、导引机器人移动,以及提供电源和通信线路等硬件。水平移动平台安装在轨道上,通过平台与驱动机构之间的摩擦驱动平台进行水平运动。水平运动模块主要由平台本体(包括转向架、导向轮、驱动轮、从动轮组等)、执行系统(电机)、定位模块(读卡器)和电源模块组成。这些模块提供承重、移动和定位功能,并能以0.5m/s的速度水平移动平台,水平定位精度为 3mm。

另外,还有换流阀厅巡检机器人,这类机器人可沿垂直轨道上下移动并拓展巡检范围,以满足阀塔对爬电距离的要求。云台动作使机器人能够在换流阀厅进行详细、全面的设备检查,这对换流阀尤为重要。每个导轨垂直安装在换流阀厅的墙上,同步带带动底座上下移动。底座安装有一个辅助控制箱和所需的检查子系统。导轨由铝合金型材制作,同步带由伺服电机驱动,带动机器人移动平台前进(图 4.20)。

图 4.19　履带式机器人越过台阶示例　　　图 4.20　在垂直轨道上运行的
机器人示例

(4)基于 UAV 的巡检平台。

UAV,尤其是多旋翼型 UAV,非常适合参与某些变电站的巡检。相比其他类型的运载工具,它们可以在适宜的环境中更自由地行驶,巡检速度更快、覆盖范围更大。然而,飞行时间短(几十分钟)以及对强风和寒冷天气等环境条件敏感等问题限制了它们的广泛应用。此外,UAV 能够携带的有效载荷有限,无法像其他平台一样满足运输所需有效载荷的要求。

图 4.21 展示了基于 UAV 的视觉巡检和能够实施这种巡检的商用型 UAV。

图 4.21　基于 UAV 的视觉巡检和能够实施这种巡检的商用型 UAV

目前使用的 UAV 主要采用遥控模式来完成视觉和热量巡检。尽管一些公共事业公司也采用自动飞行模式,但他们仍然需要一名飞行员在场并准备随时接管飞行器,以防出现意外情况。

在极少数法律允许的情况下,技术人员可实现没有盲飞的自动飞行(即超视距,BVLOS)进行变电站巡检。对于此类操作,飞行器和飞行软件在精确度上必须没有任何缺陷。随着法律的不断完善和技术的不断成熟,BVLOS 飞行巡检将得到更广泛的应用。

4.3.1.2 自主定位

如上文所述,机器人部署的关键要求之一是自主定位能力[B37-B42]。基于轨道的机器人通常依靠轨道和定位标记来确定自己的位置。但对于无轨机器人而言,需要诸如 2D/3D 激光雷达、GPS、视觉和超声波设备等感知系统集成来实现定位和导航功能。

(1)GPS + IMU。

由于技术的飞速发展,近 10 年来 GPS 的实时性和定位精度得到了极大的提高。差分 GPS 和 RTK 将 GPS 定位精度提高到厘米级,完全满足变电站巡检机器人的导航要求。GPS 参考站并入系统时部署在开放区域的固定位置,而 GPS 流动站安装在机器人身上。数据链路将参考站产生的差分数据传送给流动站。流动站采集观测到的 GPS 数据,结合接收到的差分数据,可以准确计算出其天线中心位置,如图 4.22 所示。

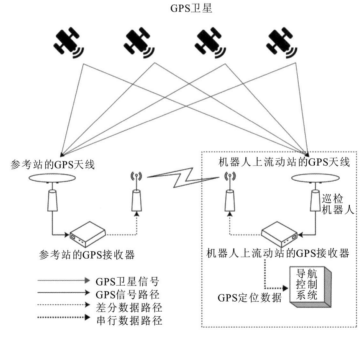

图 4.22 GPS 导航系统构造

在使用惯性导航的情况下,通过装在巡检机器人结构中的光电编码器和陀螺仪计算巡检机器人的位移,在巡检机器人移动到下一个目的地之前确定当前的位置和方向。由于惯性定位误差会随着巡检机器人位移的增大而增大,因此可能需要结合 GPS 和 IMU 来实现更精确的定位和导航。

(2)激光雷达。

激光雷达利用飞行时间(TOF)技术对周围环境进行扫描。通过计算激光雷达发射的激光束的飞行时间,可以确定与附近物体的距离和周围环境的轮廓。这种方法非常可靠,因为它不受变电站内通常遇到的强磁场的影响,而且可以有效过滤环境湿度(如雨滴、雾滴和雪花),从而能够在任何天气条件下执行巡检任务。

典型的激光雷达定位和导航系统需要激光雷达和里程表通过 SLAM 技术来构建变电站的 2D 或 3D 地图[B43],这样可将激光雷达观察到的实时信息与地图匹配,以获得相关的定位信息(包括机器人的位置和方向)。最后,导航控制系统利用上述定位信息引导机器人到达目标位置。基于地图的激光雷达定位导航系统总体架构如图 4.23 所示。

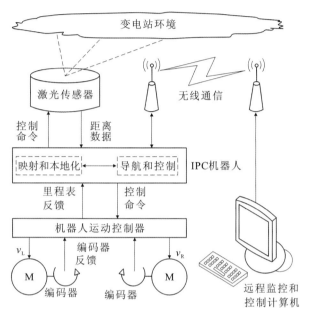

图 4.23　基于地图的激光雷达定位导航系统总体架构

与巡检机器人使用的其他定位导航方法相比,激光雷达具有抗外部电磁干扰能力强、位置计算准确、不需要轨道、路径规划灵活等优点。图 4.24 为 500kV 变电站照片及基于 3D 激光雷达数据的变电站 3D 点云图。

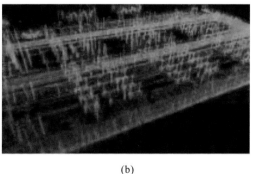

(a)　　　　　　　　　　　　　　　　(b)

图 4.24　500kV 变电站照片及基于 3D 激光雷达数据的变电站 3D 点云图

(a)变电站照片;(b)3D 点云图

在 3D 点云图的帮助下,一些车轮式机器人已经可以在变电站内实现自主定位。这些机器人能扫描 60m 半径范围内的环境,并使用扫描匹配算法,例如迭代最近点(ICP),估算其当前位置的适应性得分,从而可以通过适当的筛选来确定最优位置和方向。结合里程表的信息,可以预估机器人的下一处位置和方向,进而采用迭代法更新位置信息。利用这种方法,机器人自主定位精度可达厘米级,频率为 5Hz。

（3）基于视觉的技术。

近期在基于视觉的定位和导航方面进行了大量的研究工作[B44]。现有的巡检机器人通常配备一个可见光相机,用于捕捉周围环境的图像。图像处理技术（如特征识别、距离估算、3D 重建等）自动感知周围环境（地面、障碍物等）[B45],获得机器人的位置,然后规划后续行动。然而,由于室外环境的复杂性以及光线对图像采集的影响,视觉导航只能在良好的光照条件下使用。目前,这一领域的技术还处于试验阶段。

有研究提出了一种基于 2D 图像视觉的导航系统。该系统利用 3D 重建和深度学习技术来实现变电站道路图像的图像分割和行走路线的自主识别。

4.3.1.3 自主导航

为了实现自主巡检,机器人需要实现在变电站内不借助任何外部力量独立导航。然而,这种自主导航能力必须依赖前文所描述的自主定位能力。

自主导航可以定义为一个路径规划问题,其中机器人移动平台将遵循规划的路线进行导航并经过连续的路径点。机器人的路径规划算法有很多不同的版本,有些是专门为静态环境设计的,在设计中,默认周围的物体相对机器人移动平台而言是静止的。此方法不适用于静态对象可能会随着时间推移而被替换,或者动态对象（如人或车辆）可能会穿过机器人既定路径等变电站环境。此类动态环境需要动态自适应路径规划方法。随着自动驾驶汽车出现在公共道路上,这些方法已经相当成熟。

在获得机器人的位置和方向后,可计算当前位置与目标位置之间的直线路径以检查该路径是否与导航图中的安全路径边界冲突,从而确定两点之间是否存在一条可通行的直线路径。如果有冲突,路径规划失败,导航将终止;否则,将使用分步自适应和插值算法来计算当前点与目标点之间的巡检点序列。接下来,利用路径跟踪和比例-积分-微分（PID）算法使机器人沿着导航路径运动,最终实现对目标点的高精度、高稳定性导航。

不论在何种环境中部署机器人,都必须确保准确地检测到障碍物。这可以通过多种传感器来实现[B46],最常见的是视觉摄像机和激光雷达。红外摄像机或热成像仪也可以用于探测人类和其他温度较高的物体。

参考资料[B47]和[B48]已对基于立体图像的障碍物检测进行了研究,并研发了一种道路边缘检测方法和 3D 测绘系统,用于变电站巡检机器人的辅助导航。一个带有立体摄像机的机器人样机已经进行了实地测试。

最近展示的基于深度神经网络的视觉检测成果令人印象深刻,其适用于机器人车辆的实时计算机和车载计算机。"更快的区域卷积神经网络（R-CNN）"或者"你只用看一次（YOLOv3,一种目标检测算法）"这样的方法都是实时执行的好选择。激光雷达探测是在机器人环境中定位障碍物的另一种方法[B49]。当激光雷达的视觉技术和 3D 传感技术相结合时,可以成为一种高度可靠的障碍检测手段。

躲避障碍可通过多种方式实现。通常,路径规划算法会对障碍物做出反应,并根据探测结果动态调整路径。模型预测控制是这种自适应方案里的一个优秀案例,而基于深度神经网络检测和规划的方法也在研发之中[B50]。

这些原则和算法虽然是为自主地面车辆的研发而设计的,但是同样适用于空中机器人,然而由于后者的 3D 平移和旋转不受约束,空中机器人必须能够感知并对各个方向的障碍物做出快速反应。

4.3.1.4　通信

一个典型的变电站占地面积很大(几千平方米),所以无线通信链路必须在其整个范围内保持可靠。整个变电站内部通信的无线链路覆盖范围半径可能超过1000m。然而,对于一个可能传输视频图像和其他实时检测数据的巡检机器人而言,其所需的带宽相对较高,因此限制了任何低带宽的无线技术的使用。最重要的是,必须确保通信安全,以消除一切安全漏洞。

(1)无线通信。

目前,Wi-Fi通信因其成本低、适应性强、可扩展性好、维护方便等特点,被室外巡视机器人广泛采用。通过安装长距离大功率室外无线桥接,可以实现在露天环境下2.4GHz等工作频段的长距离无线传输。但是,由于建筑物是主要的通信障碍物,而变电站周围频段相似的信号塔等的强烈干扰会对Wi-Fi信号质量产生较大的不利影响,因此最佳频段需要根据现场实际情况进行调整。基于以上原因,基站应安装在主控楼的顶部尽可能高的位置,天线应安装在较高的位置,使整个变电站都能被覆盖,消除大的信号遮蔽物。必要时,也可用中继器扩大覆盖范围。

由于某些变电站设备也会干扰无线网络信号,这可能会导致通信延迟和中断,为了保证可靠的通信,必须尽量避免这些问题。

最后,需要熟知前沿技术并选择合适的移动通信网络或蜂窝网络,如4G网络在卫星覆盖的地区具有优越的可靠性、安全性和带宽。该技术可用于机器人控制站远离变电站或为多个在不同变电站工作的机器人提供服务的场景。

(2)有线通信。

有线通信是一种可靠性高且安全的通信方式,因此广泛应用于机器人技术领域。它由正式搭建的协议控制,如RS-232、RS-485、I^2C、CAN和EtherCAT。由于有线通信相对不受外界干扰物的影响,可以用于实时控制。但是其在实际应用中也有一定的局限性,比如通信距离比Wi-Fi短,不适合移动机器人与控制中心的远距离通信。

有线通信也可用于与移动机器人的外部通信。例如,室内轨道式机器人可以利用电力线通信技术与主控室进行交互,同时通过滑动导线获得电能。

电力线通信是电力系统特有的通信方式。它依靠现有的电力线以载波的方式高速传输模拟信号或数字信号,因此没有必要安装专用的通信网络,因为信息可以通过现有的电线基础设施进行传输。

(3)信息安全。

信息安全是无线通信应用中的一个重要问题。例如,无线电波由于具有穿透性,可在机器人工作区域之外进行监听。因此,如果不采取足够的安全措施,可能会导致机密信息的泄露,甚至恶意的机器人操作。此类安全漏洞可通过在无线通信系统的发射端安装加密模块和在接收端安装解密模块来解决。

安装这些模块后,机器人可以通过安全代理模块与变电站边界的微型接入设备进行身份认证和数据加密,提供端到端的数据保护,防止终端数据被盗或被恶意操纵。在设计过程中需限制微型访问设备的容量,以确保单个移动终端的安全访问。此外,在每个变电站中,安全代理模块和微型接入设备以分布式方式部署。变电站中信息安全防护系统配置如图4.25所示。

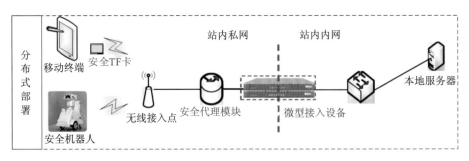

图 4.25　变电站中信息安全防护系统配置

4.3.1.5　环境适应性

变电站巡检机器人必须在任何气候条件下都能够可靠地运行,不受变电站设备的干扰。除了雨、雪和沙尘暴外,机器人还必须能够承受可预知的环境温度变化。

(1)电磁干扰。

变电站巡检机器人内部所有高精度电子元件均应能实现电磁屏蔽。充电时应采取隔离和滤波措施,避免外部电源的干扰。目前,室外巡检机器人的抗电磁干扰能力符合变电站运行和维护的官方标准的要求。

(2)防尘和防水。

根据《防水防尘标准》(IEC 60529—2013),防尘防水的最低防护等级为 IP54。然而,IP65 或 IP66 更适合那些在更加严苛的条件下工作的机器人。这些标准中常用的术语具有以下含义:

①防尘:标准中并没有要求必须完全消除粉尘侵入,只是要求不能妨碍机器人的正常运行。在机器人的散热通道中配置一个过滤器就足以防止其内部设备受到外部灰尘的污染。

②防水:由于巡检机器人需要在室外工作,在任何天气条件下,所有暴露在自然环境中的部件都要防雨。可在机器人头部前端安装雨刷,确保雨雪天图像清晰、红外检测数据准确。

③防尘性:应在一定程度上避免粉尘侵入和接触机器人。

(3)抗风能力。

质量大、重心低的机器人抗风能力更强,因此在 UGV 模式下可能表现得更好。对于 UAV 而言,通常通过提高 GPS 精度来提高抗风能力。采用该技术,在风速小于 10m/s 时,UAV 可以正常工作,同时其悬停的水平位移和垂直位移可以分别控制在 1.5m 和 3m 以内。

(4)发热限制。

虽然对每个具体案例都进行热效应的详细分析,但也应该为所有机器人提供适当的通风和被动冷却系统,以提高它们的可靠性。此种措施对于在温和气候下(例如,在 5～25℃的温度范围内)工作的机器人来说已经足够了,而对于在更极端环境下工作的机器人,必须安装特定类型组件,它们可能需要主动加热或冷却机制,以适应较大的温度变化。

4.3.1.6　电源管理

变电站巡检机器人的电源管理系统分为有线和无线两种,电力分别通过电缆和电池传输[B51]。电池驱动的机器人需要使用有线或无线充电器按预定时间充电。目前有线充电技术已经足够成熟并得到广泛应用,但无线充电技术仍处于试验阶段。巡检机器人充电方式示例如图 4.26 所示。

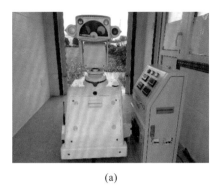
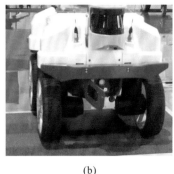

(a)   (b)

图 4.26　巡检机器人充电方式

(a)有线充电;(b)无线充电

(来源:中国国家电网公司)

由于机器人设备运行直接受到电源管理系统的影响,因此一个自动化水平高和稳定性好的电源管理系统是至关重要的。

典型的电源管理系统具备几项关键功能:电池电压转换和电源分配;电池电压、电流、温度的监测;记录历史事件,如执行非易失性存储命令和异常时的状态;过放、过充、欠压保护;内部温度自动调节;自动充电。该系统支持对供电状态的全面监控,自动化程度高,可用性强,安全性和稳定性好,保证了变电站巡检机器人的长期自主运行。在选择电池时,应考虑以下因素:

①电压等级:根据机器人内部设备的供电要求确定;

②电池容量:根据机器人工作的时间和强度来确定;

③电池的大小和质量:根据机器人主体的大小和质量来确定。

在实际应用中,每台机器人的连续工作时间应根据巡检工作量进行设置。当有需求时,机器人会自动前往指定的充电地点,与充电器连接。充电完成时会自动停止,之后机器人处于待机状态直至恢复正常运行。对于典型的室外车轮式机器人来说,充电过程目前需要 4～6 小时,而所充电力能维持最多 8 小时的续航。

4.3.2　巡检技术

目前,大多数巡检机器人的可见光和红外检测功能都是基于预设的巡检点和检测装置设计的,通过对采集到的数据进行处理和分析,实现设备状态的识别。在预置室内外变电站巡检机器人巡视路线上的停靠点和拍照位置时,要执行以下步骤:

①建立在巡视路线上各预设巡检点采集的变电站设备的可见光图像库。采用图像匹配技术对库中的每一幅图像中各设备的位置进行标记,并且使用信息文件记录图像中所有设备的类别、位置和 ID。

②利用图像处理和模式识别技术,将机器人在巡检点实时捕捉到的可见光图像与库中相应的可见光图像进行匹配,这样就可以获得匹配设备的所有检查项目的位置。

③采用预设方法对匹配设备进行检测,检测数据偏离人工预设的参数阈值时,导出设备的 ID 和准确位置。

设备信息的自动获取需要在固定地点重复捕捉图像,利用图像分析算法可实现对设备的准确定位和状态检测,而与历史设备信息的比较有助于设备故障诊断。

4.3.2.1　可见光图像捕捉

巡检机器人采集的可见光和红外图像质量越高[B52],巡检的整体质量就越高。特别是在室外环境中,图像很可能受到定位误差、光照条件的变化以及云台系统累积误差的影响,这可能使它们在后续的图像识别过程中难以被识别。为了克服这些问题,机器人系统需要从多个方面找出错误的原因,并通过聚焦伺服、曝光伺服和图像校正来提高图像质量[B53]。

巡检机器人在运行过程中可能会出现定位误差、云台系统旋转误差等不可预见的问题,导致目标设备在视野中部分或全部偏转,无法进行状态识别。现已研发出一种基于视觉的云台校正技术[B54],可以根据图像信息对云台系统的旋转角度进行校正,如图 4.27 和图 4.28 所示。

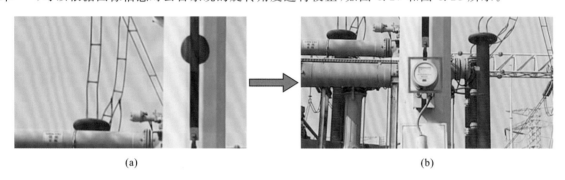

(a)　　　　　　　　　　　　　　　　　(b)

图 4.27　云台伺服处理前后采集的图像
(a)缺少视觉伺服导致的局部偏差(不可见);(b)利用视觉伺服采集的图像
(来源:中国国家电网公司)

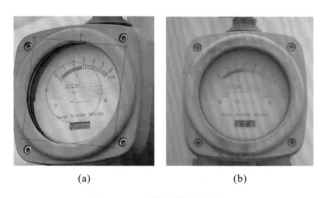

(a)　　　　　(b)

图 4.28　仪器图像偏差校正
(a)校正前;(b)校正后
(来源:中国国家电网公司)

此外,为了减少室外干扰因素(光线、景深等)对图像采集结果的影响,在室外巡检机器人中应用了局部聚焦和曝光技术。

局部聚焦和曝光技术的效果如图 4.29 和图 4.30 所示。

4.3.2.2　设备状态识别

巡检机器人采集的室内外设备图像,由于光照条件差或光线不均匀,可能会受到高噪声、低对比度的干扰,对后续图像处理结果产生不利影响。因此,通常采用图像预处理和滤波技术来消除如

(a)　　　　　　　　　　　　　(b)

图 4.29　局部聚焦伺服处理

(a)局部聚焦伺服处理前；(b)局部聚焦伺服处理后

（来源：中国国家电网公司）

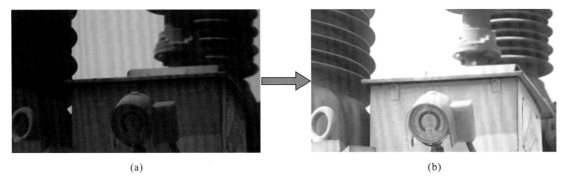

(a)　　　　　　　　　　　　　(b)

图 4.30　局部曝光伺服处理

(a)局部曝光伺服处理前；(b)局部曝光伺服处理后

（来源：中国国家电网公司）

雨、雪、光线等室外因素的干扰。在实际应用中，精确的图像匹配和模式识别有助于设备外观和运行状态的自动识别。

（1）基于结构特征的识别。

通过对图像进行预处理，获取并分析基于结构数据（如剖面、形状）的仪器关键特征，可实现对各种仪器的自动识别，如图 4.31 所示。此方法的识别率接近 100%。

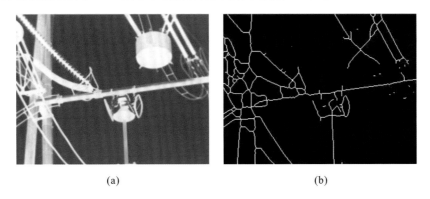

(a)　　　　　　　　　　　　　(b)

图 4.31　隔离开关的特征检测

(a)灰度图像；(b)结构检测

（来源：中国国家电网公司）

(2)基于色彩分析的身份识别。

潮湿是变电站中的常见问题,通常使用图4.32所示的除湿器除去空气中的水分。为了检验这一过程的有效性,机器人会通过分析除湿器内填充材料的颜色和饱和度来确定颜色变化率(识别率为99%)。

图4.33所示开关的颜色是变电站能够通过机器人检查的常见特征,可通过 Fisher 分类和颜色分析算法对开关的颜色区域进行多维度分析。在这种情况下,机器人根据颜色识别开关的开/关状态,识别率可达99%,能满足实际应用要求。

图 4.32　除湿器

(来源:中国国家电网公司)

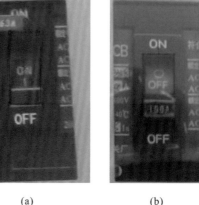

(a)　　　　　　(b)

图 4.33　颜色开关识别

(a)开;(b)关

(来源:中国国家电网公司)

(3)指示灯识别。

指示灯通常用于室内的机柜和仪表盘。它们的大小、形状和颜色各不相同,如图4.34所示。在巡检时,机器人通过预处理算法消除晕轮的影响,并运用图像分割、特殊光照分析等技术实现高效的状态识别。

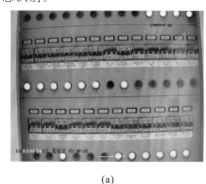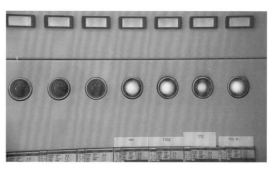

(a)　　　　　　　　　(b)

图 4.34　指示灯

(a)机柜示意图;(b)指示灯状态

(来源:中国国家电网公司)

(4)基于机器学习的检测。

巡检机器人也能够识别设备的外观缺陷。由于这些缺陷千差万别,且数据有限,因此研发此类识别算法面临巨大的挑战。尽管如此,机器人仍然可以通过深度学习技术识别设备锈蚀和绝缘体损坏。例如,锈蚀识别依赖区域候选网络(Region Proposal Network,RPN)和全卷积网络(Fully

Convolutional Network，FCN)方法，其结果如图 4.35 所示。

图 4.35　锈蚀识别
(来源：中国国家电网公司)

①字符识别。

数字式仪器，如避雷器操作计数器(图 4.36)，在变电站中十分常见。为了准确地捕捉显示的信息，巡检机器人使用的数字仪器识别算法必须对环境有高度的适应性。为此，要对在室外环境中拍摄的图像进行预处理，消除光线的影响，从而降低图像噪声。对显示区域进行划分，识别每一位数字的位置，提取数字的特征，使用由多个子分类器组成的机器学习分类器来确定其意义[B55]。该方法识别准确率高达 99%。

在对数字区域进行定位后，基于 SVM 或 DNN 对数字进行识别。

上述算法在中国某 500kV 变电站进行了测试，综合识别率超过 99.2%，满足变电站现场作业的要求。

图 4.36　带计数功能的避雷器
操作探测器
(来源：中国国家电网公司)

②异物识别。

异物对输配电设备也有巨大的影响。由于其大小、形状和类型不同，因此较难研发出一种准确的识别算法。

基于以往巡检中捕捉到的图像，通过深度学习，目前大多数机器人可以识别风筝、鸟窝、白色塑料袋、火焰、烟雾和施工车辆，如图 4.37 所示。尽管如此，异物的识别算法仍不成熟，需要进一步研发和测试。

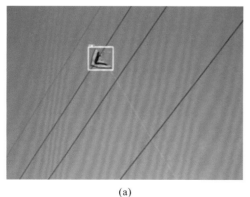

(a)

(b)

图 4.37　异物识别
(a)风筝；(b)塑料袋

4.3.2.3　红外检测

通过将采集的热图像与红外热图像数据库中的相似图像进行比较,可以识别设备红外热图像中的热点,并分析每个组件的温度特征[B56]。结合电流、电压和气象数据,对所有确定的设备异常情况进行全面诊断,如有需要,还可发出超温警报。为了对设备进行可靠的巡检,需要利用红外图像进行精确定位,如图 4.38 所示。

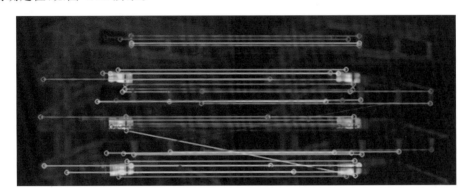

图 4.38　红外图像定位
(来源:中国国家电网公司)

对于三相设备而言,可以通过比较相位连接器的温度来识别每一相的异常温升,参见图 4.39。

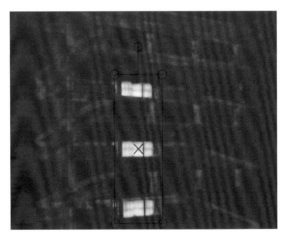

图 4.39　发热缺陷识别示例
(来源:中国国家电网公司)

4.3.2.4　可听声/噪声

在变电站内测量声发射有多种用途。首先,通过工作人员的耳朵或麦克风和数字测量系统直接收集,收集到的可听声可能表明有电晕效应和电弧、气体(压缩空气或 SF_6)泄漏或发声设备(尤其是电力变压器)处于异常状态。这类检查对周围的噪声高度敏感,在某些场景下可能不适用。但是可以通过部署巡检机器人来解决这些问题,因为它们通常配备声发射检测器,能够采集环境中以及设备发出的实时声信号。这些数据被传送到控制系统进行分析,见图 4.40 和图 4.41。也可以测量变电站整体噪声水平,以确保敏感地区(如城市地区)的噪声处于可接受(监管)范围。

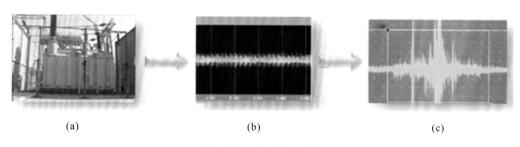

(a)   (b)   (c)

图 4.40   声音检测步骤

(a)待测装置;(b)声音信号;(c)信号分析

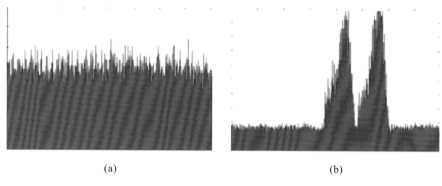

(a)   (b)

图 4.41   基于设备可听声的异常声音检测

(a)正常信号;(b)异常信号

通过拾音器采集装置运行时的声音,再提取基于时频域分析的声音特征来识别声音信号。当检测到异常的声音信号时,就会发出警报信息,警告变电站工作人员以避免事故发生。目前正在研究基于射频的故障诊断。尽管如此,大多数机器人系统常常使用定向声学接收器来收集和回放声音,因此必须面向被检查的设备。为了使其效用最大化,可以在巡检机器人中集成这种技术和相关的数字测量,也可采用软件算法来自动实现一定程度上的细节校验。

4.3.2.5   局部放电检测

(1)基于紫外成像的局部放电检测。

室外高压设备放电可以通过分析紫外成像仪观察到的电晕成像光子数量来确定。紫外成像是一种特殊的检查形式,能够检测空气中发生的电晕效应和其他局部放电。因此,研发了电晕照相机。紫外成像还可用于高压设备的污染、异常放电检测,以及绝缘子放电、导线损坏、漏电检测等。根据对历史数据的分析,运维人员能够及时发现问题,消除漏电等危害,快速、准确定位放电位置,还能检查运行中的设备的状态。

目前,由于不同厂家生产的检测仪器的参数设置不同,光子图像的质量差别很大。但在大多数情况下,通过与在固定位置和角度下长时间采集的紫外图像中的光子数量对比,可以初步确定放电水平,如图 4.42 所示。

(2)基于频率信号分析(UHF 和 TEV)的局部放电检测。

射频分析在实践中的应用越来越普遍,因为它可以提供内部绝缘质量的详细信息。由于内部局部放电会发射射频信号,

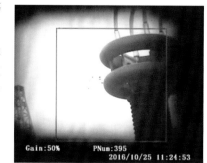

图 4.42   基于紫外成像的局部放电检测

因此观察到一定程度的活动就表明存在绝缘故障,这意味着即将产生严重的设备故障。射频分析也可用于解释正常电弧阶段(如断路器操作期间)的内部行为。然而,为了最大限度地发挥其效用,射频测量值必须仔细过滤和解读,以排除其他外部射频发射源,如蜂窝网络。

一组天线网络能够探测出是否存在放电现象。此外,三角计算也可以用来确定放电的位置。这样的系统可以永久地安装在变电站内,或者将天线安装在移动式巡检车辆上。图 4.43 [B57] 展示了一个由多个射频天线组成的系统,这些天线能够检测和确定变电站中局部放电的位置。

图 4.43　基于多射频天线的移动局部放电检测与定位系统示例

一个由天线网络和所需的数据采集硬件组成的系统可以与变电站机器人技术相结合。如果机器人能够自主定位,单一的天线和多个位置的测量也可以实现局部放电检测和定位。然而目前还不能实现测量值自动分析,因为射频信号太复杂,所以仍然需要人工解读。这种情况预计在未来会有所改变,因为软件在解读射频测量值方面终将超过人类。

(3)基于超声波传感器和 TEV 检测的局部放电检测。

基于超声波测距和 TEV 检测的局部放电检测已经在室内巡视机器人中得到了应用。该机器人使用一个自动伸缩机构将检测组件移动到目标设备的表面,以对其局部放电情况进行连续监测,并对检测数据进行频谱显示和趋势分析,获取绝缘信息,准确、及时地识别故障,自动报警,同时能够执行适当的维护、维修甚至更换任务。图 4.44 为对开关柜进行接触式局部放电检测的机器人伸出推杆的过程。

(a)　　　　　　　　　　　(b)

图 4.44　局部放电检测示例

(a)移动至巡检点;(b)伸出推杆

超声波测量值可用于局部放电检测,如电晕效应和空气中的其他放电。通常,局部放电检测设备依赖 40kHz 的中心频率,因为这将确保超声波测量值对环境噪声不那么敏感。

4.3.3　交互与控制软件

操作者和巡检机器人系统之间的沟通,越来越多地运用了人机交互系统。远程操作需要一个设计良好的直观图形用户界面(GUI)和必要的传感器输入,以及符合人体工程学的控制台和控制手柄。

用户设置模块可设置报警阈值、报警消息订阅、巡检点和巡检区域,以及维护典型巡检点数据库。另外,机器人系统维护模块可用于维护检测地图、配置软件和机器人参数。

巡检机器人的遥控器一般使用蓝牙或 USB 接口进行通信,以控制机器人的行进、旋转以及引导云台系统的运动。为了避免遥控器与控制系统之间的冲突,往往优先考虑远程控制器。因此,只有当遥控器没有控制指令时,控制权限才会归还给本地控制系统和中央控制系统。

一般的室外巡检机器人采用 Windows 操作系统和. Net 框架平台的分层模块化软件系统,使用纯粹面向对象的编程语言 C# 作为托管代码,并结合了面向对象的内存实时数据库和大型商业关系数据库。利用多线程处理控制系统中的耗时任务可以避免用户界面卡死[B58]。软件界面如图 4.45 所示。

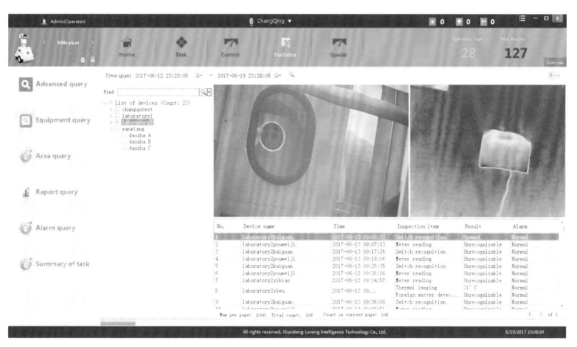

(a)

(b)

图 4.45　控制系统查询界面

(a)巡检数据查询界面;(b)报表查询界面

(来源:中国国家电网公司)

4.4　现行和新兴的机器人系统

(1)室外设备巡检(图 4.46)。

针对变电站空气绝缘(AIS)设备使用室外巡检机器人,通过视觉摄像机[B36,B59,B60]、红外成像仪、紫外成像仪和局部放电探测器实现设备状态的自动检测。目前,这些机器人被分为轨道式机器人、车轮式机器人和 UAV。

中国大多数 500kV 变电站都配备了车轮式机器人,其是变电站运维的一个重要组成部分。但是,这些机器人必须符合相应的技术要求和检测标准。

新西兰的变电站巡检机器人技术已经取得了很大的进展,并已应用于变电站。

在美国,用于室外设备红外热成像和局部放电检测的机器人正在进行现场测试,一些公司已经在变电站巡检中使用 UAV。

(2)室内设备检查(图 4.46)。

中国的室内巡检机器人技术已经成熟,该项技术被用于推动室内轨道机器人和换流阀厅机器人的研究,投入商业应用的室内轨道巡检机器人已超过 1000 个。由于室内环境相对稳定,这些机器人可以完成很多人工作业,所以可以有效地进行室内巡检。

中国已经在近 40 个换流阀厅使用机器人,有效地减少了人工工作量。经验还表明,运用机器人对电缆室进行巡检也很可靠。

（3）特种设备检查（图 4.46）。

变压器内部的巡检机器人可以在不排空油箱的情况下采集并传输变压器内部状态图像，从而缩短诊断周期。这种机器人已实现商用。

通过 X 光和图像/录像功能进行在线故障检测的 GIS 设备内部检测机器人也在研制中。

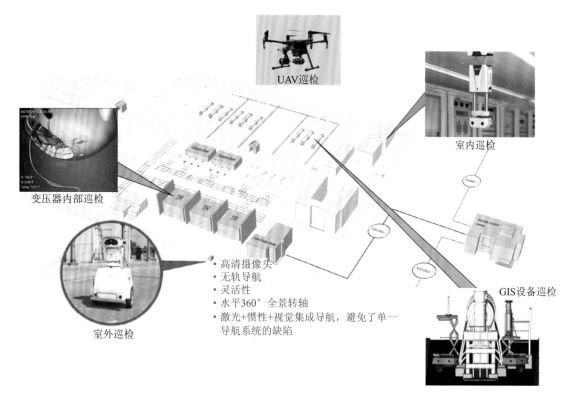

图 4.46 变电站机器人巡检概况

4.4.1 室外巡检机器人

4.4.1.1 中国

中国已有 20 多家制造商和研究机构开展了室外巡检机器人技术和应用的研究，目前已有 10 种室外巡检机器人投入使用。这些机器人大多数都能够自主巡检。鉴于这一发展趋势，我国已经研制并实施了变电站用室外车轮式巡检机器人的工业标准。下面介绍中国国家电网公司（SGCC）使用的机器人，其中室外巡检机器人示例见图 4.47。

（1）技术规格。

室外巡检机器人可以在变电站内自动或远程工作，以协助或替代人工操作。机器人巡检范围覆盖变电站大部分设备，包括主变压器、断路器、隔离开关、电流互感器、电压互感器、避雷器、电容器、并联电抗器、继电保护装置等辅助设备。这些机器人所需的主要技术规格如下：

①实时音频和视频监控。

可见光图像和红外图像的显示和存储；声音的现场采集和双向通信。

图 4.47 变电站室外巡检机器人示例

②红外发热缺陷检测。

● 温度检测分辨率:384 像素×288 像素或 640 像素×480 像素。

● 温度检测范围:−40~150℃或−20~300℃。

● 检测项:电流引起的和电压引起的发热缺陷。

● 检测精度:±2℃或 2%。

③基于视觉图像分析的设备状态自动识别。

● 图像分辨率:1920 像素×1080 像素。

● 变焦:32×。

● 检验:仪表读数,开/关状态识别、外观检查(自动诊断)。

● 识别精度:90%以上。

④设备缺陷信息管理。

室外巡检机器人一般配备车轮式平台,速度可达 1m/s,适用于坡度小于或等于 15°的平坦路面和电缆沟盖板。这些机器人可以在变电站中进行地图构建和自动导航,重复定位误差约为±10mm。为了方便机器人与工作站之间的信息交换,在变电站的开放区域安装无线基站,传输带宽高达 20MHz。当配备大容量蓄电池时,这些机器人能够连续工作长达 8 小时。为实现自动电池管理,宜配备自动充电系统。

大多数机器人配有超声波或其他传感器,以防止与变电站中的障碍物碰撞。为此,可以在机器人底盘上安装激光测距仪。当测量距离小于传感器的限值时,会触发急停,以确保机器人安全。

满足上述参数的机器人可以代替人工在各种天气条件下(特别是在刮风、下雨、下雪等恶劣天气条件下)开展变电站巡检工作,从而降低了操作人员的安全风险。机器人的 IP 防护等级通常设置为 IP55,有些室外机器人甚至设置为 IP57。表 4.2 总结了室外巡检机器人可适应的操作环境。

表 4.2 室外巡检机器人可适应的操作环境

最大风速	28m/s
最大积雪深度	50mm
相对湿度	≤95%
存储和运输的相对湿度	≤95%
最大降雨量	大雨
环境温度范围	−25~60℃

机器人的位置控制、云台旋转、图像采集以及充电室的控制功能都能通过交互界面实现。机器人通过远程控制系统提供变电站巡检的实时视频流，让操作员远程完成异常识别、故障响应、变电站安全监控等工作。采用 PMS 接口后，可进行跨部门合作，以实现设备状态更新和运维管理。

中国已经在多个区域部署了远程中央控制系统，解决了信息采集和传输的问题。如果能实现对变电站巡检机器人的远程监控和巡逻数据的远程浏览，则有利于变电站的无人值守运行。

值得关注的是，如果变电站巡检机器人采用 Wi-Fi 通信，则需要考虑机器人与监控系统之间数据传输的信息安全性问题。多个生产厂商对高安全性认证技术进行了广泛的研究，研发出变电站巡检机器人可用的加密安全芯片和安全代理模块。关于无线安全访问技术的现有研究也推动了安全访问控制和智能检查设备管理的重大改进，由此可以更好地过滤、识别和/或阻止可疑信息。这也促进了微型安全接入设备的发展。厂商通过投资高性能并行协同处理技术，全面提高了微型安全接入设备的数据检测效率和吞吐量。这些技术使智能检测设备，如变电站巡检机器人，能够访问电力信息系统的专用网络。

（2）其他辅助设施。

①充电室。

即便是室外巡检，机器人的充电箱也应放置在室内，以确保安全。变电站一般应设置至少一个带充电箱的充电室。当机器人处于低电量时，机器人进入充电室，并自动给电池充电，如图 4.48 所示。

图 4.48 充电室示例

②通信设备。

对于依赖无线通信的机器人系统，如室外巡检机器人，通常会在变电站特定区域安装一个基站，如图 4.49 所示。

图 4.49 通信基站

③环境信息采集装置。

图 4.50 所示的微型气象观测系统用于收集环境和天气信息(如风速、温度、相对湿度等),为巡检任务中的决策提供支持。雨雪天气条件下,监控系统会自动启动雨刷,以清洁任何可能影响拍摄图像质量的异物。当遇到极端雨雪天气时,监控系统会立即叫停机器人,并指示其返回充电室或其他安全区域。

图 4.50　微型气象观测系统

④运输车辆。

某些机器人服务于多个变电站,因此需要提供运输车辆。这种车辆通常是在小型公共汽车或厢式货车上加装一个运输平台。目前采用多种类型的运输平台,其中就包括图 4.51 所示的双臂折叠运输平台,由于只需要较少的结构改动,故此方案可取。

(a)　　　　　　　　　　　　　　(b)

图 4.51　双臂折叠运输平台
(a)扩展状态;(b)收回状态

(3)新兴的机器人系统。

经验证据表明,定位、导航和环境适应性是现行机器人技术的关键问题,特别是在充满挑战性的室外环境中,这些问题有碍于机器人的长期稳定运行。大多数变电站区域都是开阔的,这会让机器人面临许多环境挑战,如灌木丛、设备和天气的变化,以及由变电站维护导致的布局变动,这可能会导致定位偏差。现有证据表明,当环境外观发生变化而地图没有更新时,2D 激光雷达的定位可能会偏离甚至变得不可靠。为解决此问题引入了 3D 激光雷达定位技术,该技术通过 360°扫描获得环境的 3D 轮廓。这种方法更加全面,当环境发生变化时,机器人扫描匹配的容错度更大。3D 激光雷达巡检机器人如图 4.52 所示。此外,机器人能够扫描起伏的地形,这对路径优化具有重要意义。

新型巡检机器人正变得更小、更轻、更易于操作,当在狭窄空间进行巡检时,它们已可以作为手持工具使用,为便于手持使用,对它们的结构设计进行了优化,同时保留了其所有现有功能。图 4.53 为一台小型轻量化巡检机器人示例。

图 4.52 3D 激光雷达巡检机器人

图 4.53 装有 3D 激光雷达的
小型轻量化巡检机器人

在中国,变电站运行人员已开展 UAV 巡检。以国网四川省电力公司为例,其利用 UAV 搭载视觉摄像机在变电站内采集高清图像(图 4.54),并进一步分析图像,以诊断缺陷。

图 4.54 UAV 巡检

(来源:中国国家电网公司)

4.4.1.2 加拿大

2012 年,加拿大魁北克水电公司研究所承接研发任务,研发和部署用于视觉和热检测的可移动机器人[B61]。该机器人目前由魁北克水电公司 TransÉnergie 使用[B62],用于在 735kV 变电站的受限区域完成相关检查工作。在这些区域中,由于安全和安保问题,人员访问受到限制。

机器人系统由机器人和移动控制台组成,并主要采用远程操作。此机器人是一种商用型 UGV。其经受过恶劣天气的考验,能够抵抗大雨和大雪,并能在寒冷的冬季(气温为-20℃以下)工作。UGV 作为专用检测设备的远程控制载体,搭载了诸如巡检摄像机、热成像摄像机和用于距离测量的 3D 扫描激光雷达(SLAM 算法正在规划中,在撰写本技术手册时尚未实施)。UGV 的定位是结合使用 RTK-GPS、INS 和车轮里程表来实现的,这种定位允许基于地图的导航进行远程巡检。机器人与控制站之间的可靠无线通信距离超过 1km。

变电站服务卡车也能够被定制为移动控制站,该车辆可以运送机器人和操作人员。部署机器人时,操作员使用专门的 GUI 并通过卡车操作系统。图 4.55 显示了巡检机器人和配备地图导航的 GUI。

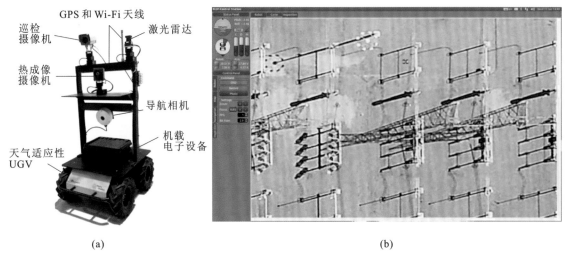

GPS 和 Wi-Fi 天线
巡检摄像机
激光雷达
热成像摄像机
导航相机
机载电子设备
天气适应性 UGV

(a)　　　　　　　　　　　　　　　(b)

图 4.55　巡检机器人和 GUI
(a)视觉和热检测机器人;(b)配备有地图导航的 GUI
(来源:加拿大魁北克水电公司)

　　加拿大魁北克水电公司计划在其变电站中扩大机器人技术的应用范围,因为许多变电站都是无人值守的,尤其是偏远地区的变电站;因此,机器人巡检系统可极大地提升人员安全性和操作效率。UGV 和 UAV 都将被视为潜在的巡检机器人。魁北克水电公司已经在变电站中使用 UAV 来完成对绝缘子和母线等高压元件的目视检查。

4.4.1.3　新西兰

　　2013 年,Transpower 公司与新西兰梅西大学合作研发了一款用于变电站设备检查的远程控制机器人(图 4.56)[B60,B63,B64]。2013 年国际大电网会议(CIGRE)技术参观活动中,这种机器人技术在 Transpower 公司的德鲁里变电站进行了演示。

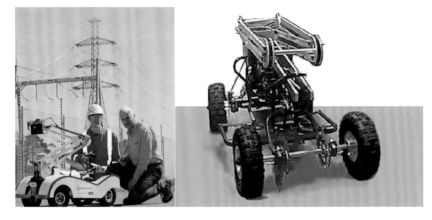

图 4.56　Transpower 公司远程控制机器人样机[B63,B64]

最初的样机已演化为图4.57所示的机器人系统。该机器人配备了摄像头和软件系统来执行例行巡检,Transpower公司不久[①]就会在奥尔巴尼变电站对它的自主导航能力进行测试[B65],这是为期一个月、涉及两台机器人的变电站机器人试点计划[B66]中的一部分。

图4.57　Transpower公司巡检机器人

(来源:Transpower公司)

目前机器人能够执行故障响应和定期维护巡检等核心任务。该机器人具有以下特点:

①可持续时间长,低重心,有四驱底盘与大载荷机械臂;

②机器人的尺寸不超过人体体积的95%,以确保满足开关站内所有电气间隙要求;

③一台标准的机器人应配备双向扬声器、麦克风、警示灯、报警器、前后行车灯、带自主导航和定位功能的摄像头、防撞传感器、GPS、内部监控装置、配有探照灯和多传感器的机械臂、雨刷和高清摄像机;

④除摄像机外,还可以选装的传感器有红外摄像机、SF_6嗅探器和局部放电声学传感器;

⑤可通过游戏控制器实现完全自主的点动导航以及操作员控制。

图4.58所示的机器人已经通过了IP67认证测试,即使在下雪的环境下也表现良好。目前[②]正在为全职部署到距离维修基地2.5h车程的变电站做准备。部署后,机器人将由在500km外的操作控制中心进行无线控制,如图4.59所示。

图4.58　新西兰Transpower公司部署在偏远站点的巡检机器人

---

①　相对本技术手册英文版成稿时。

②　指本技术手册英文版成稿时。

图 4.59　新西兰 Transpower 公司操作员正在培训

4.4.1.4　美国

(1)地面机器人。

佛罗里达电力照明公司(FPL)正在集成机器人和 AR 等新兴技术,以帮助客户在受到影响之前定位和解决潜在的电力问题[B67]。FPL 公司已经研发出一款自动巡视器,它能够在变电站周围自动导航,以检测入侵者和设备问题(如过热),并通知技术人员采取必要的措施,从而防止停电[B68,B69]。机器人在类似狗棚的屋子里给电池充电(图 4.60),单次充电可覆盖 10mile(约 16.09km)的区域。该机器人配有 4 个摄像头,以及先进的传感器和导航系统,可沿变电站设备之间的预设路径运行。

图 4.60　FPL 公司变电站自主巡检机器人

随着研究的进一步深入,有望出现具备以下功能和技术的新型机器人:

①检查成像系统,结合可见光、近红外和长波热红外(LWIR)成像硬件与软件,安装在坚固的云台单元(PTU)上,具有精确的定位和定时功能。

②机器人能够检测小规模的损坏和退化的迹象(裂缝、液体泄漏、氧化)与热降解,以及测绘物理变化和维护变电站的安全。它被设计为既能在自动驾驶模式下运行,也能在网真模式下运行。

③安装在机器人上的相机具有全球快门图像传感器、车载 GPS 和 SSD 存储、Wi-Fi 和车载处理功能,能够执行广泛的图像处理任务,包括警报条件评估。

④如图 4.61 所示，一个基于云的地理空间平台可进行企业管理、查看和集成地理空间数据以及分析其他企业的数据。它集成了标准的网络地图服务，并在相同的空间正确的地图视图中显示来自外部 GIS 和资产管理系统的数据层，同时允许用户配置规则和扩展字段中的功能。

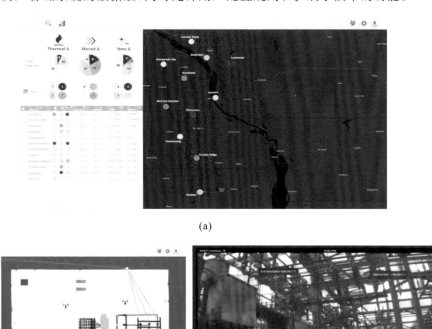

(a)

图 4.61　云平台交互界面示例

(a)云平台控制界面；(b)变电站地图；(c)机器人传感器采集图像

未来机器人可采用一些附加传感器，包括气体（SF_6）泄漏探测器、电晕成像仪和用于浸入式操作的球形摄像机。软件平台将根据预先编程的标准发送警报消息。

美国研制的变电站巡检机器人配有红外成像仪和局部放电探测器，可以检测设备温度，绘制局部放电强度分布图，如图 4.62 所示。

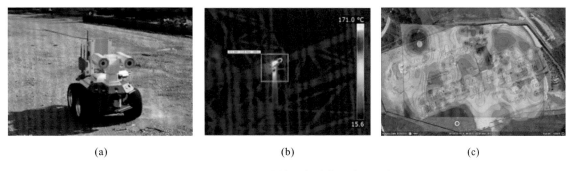

图 4.62　美国研发的局部放电巡检机器人

(a)巡检机器人；(b)热图像；(c)局部放电强度分布图

（2）UAV。

美国 Iberdrola 集团的子公司——纽约州电力煤气联合公司（NYSEG）和罗切斯特天然气电力公司（RG&E），于 2015 年启用 UAV 来检查安装在变电站上的静电电线，以避免雷击。鉴于直升机在这样的环境下不适用，且从地面无法获得最佳视野，因此 UAV 最适合承担此项任务。这两家公司利用 UAV 对 36 个变电站开展巡检，如图 4.63 所示[B70]。

图 4.63　美国 Iberdrola 集团变电站静电电线 UAV 巡检[B70]

4.4.1.5　巴西

2008 年，巴西圣保罗大学的研究人员研发了一种用于检测变电站内部发热点的无人监控系统，如图 4.64 所示[B71,B72]。该系统使用了一个与机器人相连的红外摄像机，机器人沿着变电站内部的钢缆移动。控制系统对热图像进行数据采集和分析，从而对发热点进行检测。

图 4.64　变电站发热点监测机器人

4.4.1.6 日本

东京电力公司(TEPCO PG)研发了一种巡检机器人,如图 4.65 所示,可以减少无人值守变电站的巡视次数。该机器人可检查各项异常情况,尤其是变压器漏油。机器人由维修中心进行远程控制,并配有高清摄像头、激光扫描仪和 Wi-Fi 装置。

图 4.65 东京电力公司的巡检机器人

(来源:东京电力公司)

4.4.2 室内巡检机器人

尽管室内设备(如继电室、GIS 室、电容器室等)的安全对变电站的运行至关重要,但设备状态信息通常还只能通过技术人员现场检查获得。

为了加快这一流程,并进一步推进无人操作,中国已经研发了一种用于室内设备的自动巡检机器人[B73]。这类机器人可为轨道式或轮式,但前者更为常见,室内环境确定性高,设备位置固定,外部干扰小。机器人可以在天花板或墙上的专用轨道上运行(图 4.66),并通常配备有线通信设备。为了实现对多个机器人的远程控制,每个机器人都连接一个中央控制系统。系统数据可传输至电力行业专用网络,以提供决策支持。

图 4.66 室内轨道式巡检机器人示例

轨道式机器人具有以下功能:实时音频和视频监控;基于视觉图像分析的设备状态自动识别。

这些机器人通常在云台上搭载分辨率为1920像素×1080像素的高清变焦相机[B74],以准确识别开关设备的状态、保护带、指示灯、仪表读数等,见图4.67。由于室内环境相对稳定,对识别的影响较小,其识别精度大于95%。

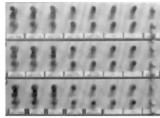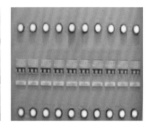

图4.67 保护带、连接和指示灯的状态识别

(1)机器人在局部放电检测中的应用。

轨道式机器人一般通过超声波和TEV以直接接触的方式对开关柜进行局部放电检测。检测组件包括末端装有局部放电传感器的水平伸缩杆。当机器人接近待检面板/机柜前方时,将可伸缩机构展开,使局部放电传感器紧贴面板/机柜表面,采集局部放电数据。监控系统记录超声波和TEV检测结果,同时提供频谱显示,并根据这些结果进行智能趋势分析,发现局部放电缺陷时发出警报。

轨道式机器人局部放电检测参数如表4.3所示。

表4.3 轨道式机器人局部放电检测参数

TEV 传感器	测量范围	$0\sim60dB\mu V$
	带宽	3Hz到几兆赫兹
	分辨率	1dB
超声波 传感器	测量范围	$0\sim60dB\mu V$
	带宽	40kHz±0.5kHz
	分辨率	1dB

(2)机器人在环境检查中的应用。

室内环境状态检测功能,如对温度、相对湿度、臭氧含量和烟雾含量等的检测是可选的,但这些功能机器人最好都具备。

室内环境检查时机器人可以沿S形轨道水平移动,速度可达1m/s,定位误差不大于10mm。机器人配备了一个升降机构,可以让检测组件在1.6m的范围内垂直移动,且定位误差在10mm以下。机器人配备障碍物监测装置后,沿着轨道水平向前、向后或向下移动时,其还能判断移动方向上是否存在障碍物。如检测到障碍物,可以及时停止,防止发生碰撞。机器人可与小设备箱内现有的照明开关联动,并可设置电动幕布,使机器人在执行检测任务时自动关闭,以提高检测精度。机器人还可以与室内空调、风扇等其他类似设备互联。在电磁兼容性方面,机器人满足空气中静电放电抗扰度4级,射频电磁场辐射抗扰度2级,工频磁场抗扰度4级。为了使机器人发挥最佳性能,环境温度必须保持在-10~50℃范围内。

由于室内空间狭窄,且设备通常布置在基于UGV的机器人无法触及的地方,因此室内巡检机器人通常采用轨道式移动平台,然而从技术层面上说也可以采用车轮式移动平台。如图4.68所示,这些轮式机器人与室外巡检机器人结构相似,但对定位精度要求较高(厘米级,带视觉定位辅助)。室内轮式移动机器人除了可以进行视觉图像检测、红外温度传感等常规检测外,还可以通过配备多自由度机械手和多功能局部放电检测工具,实现对开关装置的 UHF、TEV、声发射检测。

(a)　　　　　　　　　　　(b)

图 4.68　室内轮式机器人

(a)室内局部放电巡检机器人;(b)室内轮式巡检机器人

4.4.3　换流阀厅巡检机器人

换流阀厅是一个装有换流阀的封闭建筑,为换流站的核心部件(图 4.69)。中国为支持超高压输电线路建设,已投入运行越来越多的换流站。由于运行期间存在功率耗散,换流阀在工作时会产生大量热量,以致换流阀厅内的环境相当恶劣。为此,需要研发机器人来协助工作人员进行换流阀厅内的日常巡检。

图 4.69　换流阀厅内部图

这些巡检机器人主要用于检查换流阀塔,由于换流阀厅的高度和跨度的关系,通常需要垂直导轨。轨道式换流阀厅巡检机器人与辅助监控装置协同工作,实现厅内设备全覆盖。目前机器人使用拖缆供电,遥控系统采用有线通信。辅助监控装置安装在固定位置,执行与轨道式巡检机器人相同的检测功能。当这些设备结合使用时,可以提高巡检覆盖率并消除盲区。

这类机器人大多数都配备了检测设备,如可见光相机、红外成像仪、拾音器等。轨道式机器人在换流阀厅地面或墙壁上铺设的直线轨道平台上移动,再结合云台和水平旋转动作,便可以进行大范围的巡检。轨道长度可根据现场实际环境定制。因此,机器人可以对分级布置的换流阀塔、穿墙套管等设备的外观和温升进行全方位的检测。典型的检测仪器和检测项如下:

①可见光摄像机:厅内设备外观检查。

②红外成像仪:厅内设备发热缺陷检测。

③声发射探测器:厅内噪声检测。

机器人监控系统可以对被检设备的外观和温度进行记录和分析,并提供历史数据显示和查询、报告生成、缺陷报警等功能。

如图4.70所示,智能换流阀厅巡检机器人系统的应用,大大提高了换流阀厅、直流场等室内设备巡检的效率和准确性,降低了人工巡检强度和维护成本。

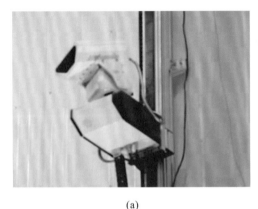 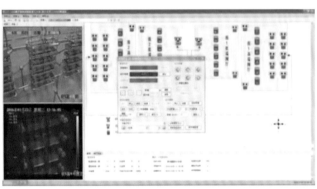

(a)　　　　　　　　　　　　(b)

图 4.70　换流阀厅巡检机器人系统

(a)换流阀厅巡检机器人;(b)控制与 HMI 系统

4.4.4　电缆隧道巡检机器人

一般来说,电缆层的作业空间有限,需使用专门设计的电缆隧道巡检机器人。我国以隧道机器人为基础,研发了好几代电缆隧道巡检机器人,如图4.71所示。除了高分辨率红外成像仪、可见光相机、化学气体传感器外,这些机器人还可以携带消防设备,如超细干粉自动灭火球,既可以排查电缆层任何设备的温度异常,也可以进行火焰检测和自动灭火。

图 4.71　电缆隧道巡检机器人

(1)发热缺陷红外检测。

对于电缆层内的关键输电设备,如交叉接地箱、受热接头等,机器人可进行精确的温度测量和控制,如图 4.72 所示。

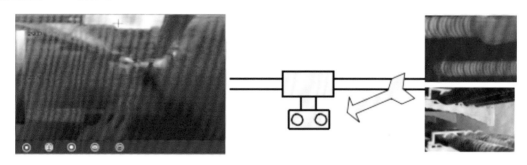

图 4.72 红外热成像

(2)可见光检测。

此场景下,机器人主要用于确定变电设备的指定区域是否存在异物,并确定电缆护套是否损坏,如图 4.73 所示。

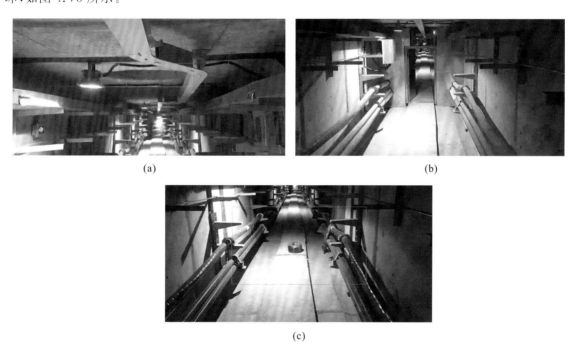

(a)

(b)

(c)

图 4.73 电缆隧道巡检机器人拍摄的照片

(a)电缆层入口;(b)电缆;(c)电缆层内异物

(来源:中国国家电网公司)

(3)环境检查。

用于环境检查的机器人,可实时监测环境变化,及时报警,确保人员和设备的安全。其检测范围主要包括烟雾、有害气体、空气中的含氧量、环境温度和相对湿度。

4.4.5 变压器内部巡检机器人

电力变压器是远距离传输电能的关键。它们具有很长的使用寿命,并能可靠地提供能量传输达数十年之久。为了保障其使用寿命,必须在变压器老化和出现问题前进行维护。变压器通常充满了矿物油作为冷却剂,矿物油也为变压器所必须承受的高电压充当电气绝缘。无论是矿物油还是纤维素绝缘材料,都有可能由于长期使用和老化而失效。

尽管可以使用非侵入性状态监测技术来判断充油变压器是否出现故障以避免出现问题,但在某些常规和紧急情况下,这种内部检查价格高昂,且对变压器结构和检查人员都有相当大的风险。遭遇雷击后如果遇到多重故障,或安排了维修计划,大多数公共事业公司会对充油变压器内部进行目视检查,以判断故障的确切位置或严重程度。如果是人工检查,就必须排空变压器内部的矿物油,以便专业的变压器检查员进入变压器油箱的危险封闭空间。由于检查过程非常危险,因此医疗团队和其他专业人员必须在现场。一般来说,在检查过程中变压器可能会停运三天(电压等级更高的变压器可能需要更长时间),从而带来高昂的人力和资金成本以及巨大的风险。

为了解决这一问题,美国已成功研发出一种变压器内部巡检机器人,如图 4.74 所示。这种机器人可以在变压器内部移动,并携带图像采集和识别设备,通过一根缆绳操控,并实现相关信息的收集和传送。这种方法免去了排油过程,提高了变压器维护效率,降低了整体运维成本。数次现场试验已证明了运用这种机器人的可行性。

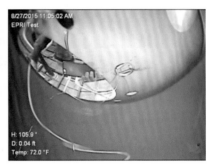

图 4.74　绳牵式变压器内部巡检机器人

图 4.75 展示了一种新型无绳变压器内部巡检机器人,其形状和大小兼顾了导航的便利性和鲁棒性,使浸入式机器人能够检查诸如衬套、引线、分接开关、磁芯顶部、磁芯支撑、绝缘等所有待检区域。变压器充油断电后,需要由一名资深技术人员来配置和管理机器人,并由一名机器人驾驶员来操纵机器人、收集数据并与专家们进行交流。整个机器人巡检流程通常在 8 小时的日班中完成,而变压器在静置 12 小时后即可重新上电。与常规的人工检查相比,机器人巡检大大节省了人力、时间和费用。

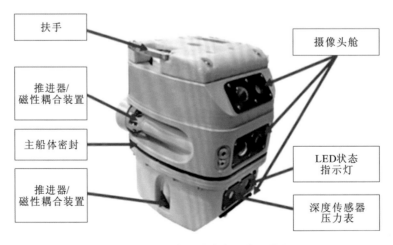

图 4.75　无绳变压器内部巡检机器人

系统安全裕度测验、高温和极端环境安全性的相关测验证实,机器人系统可以在各种苛刻条件下检查变压器。此外,还可以考虑有针对性的设计元素,可以对螺旋桨进行频闪检查,以确保机器人不会产生气穴效应(在液体介质中生成气泡)。

无绳变压器内部巡检机器人的结构如图 4.75 所示,压载物用于浮力控制,推进器在变压器内部辅助操纵。有四个摄像头供操作员观察画面,而高强度 LED 灯即使在最黑的油中也可保障足够的能见度。

图 4.76 为机器人在变压器中检查时拍摄的照片。

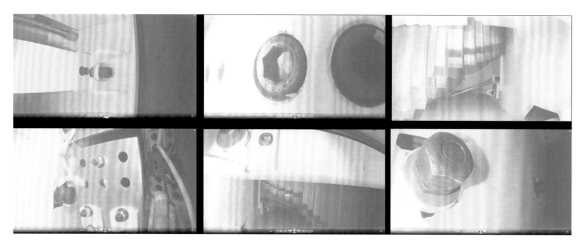

图 4.76　机器人在变压器中检查时拍摄的照片

图 4.77 展示了一个定位变压器高压绕组故障的检查案例。机器人虽然在检查变压器顶部时没有发现异常,但在油箱底部移动时发现了可疑颗粒。然后,机器人上浮并定位电介质故障。

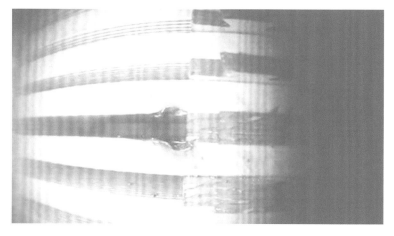

图 4.77　高压绕组故障排查案例

中国正在研发一种用于油浸变压器的无绳球形巡检机器人,并且公开了相关研究结果。机器人为直径小于或等于 20cm 的球体,可以在变压器内部紧凑的空间中灵活移动,如图 4.78 所示,机器人的最外部是一个透明罩,内部封装有控制器、摄像头、IMU、电池组、驱动系统等。外部监控终端通过 Wi-Fi 与机器人通信,接收摄像头捕捉到的变压器实时图像。该机器人目前仍在研发中。[①]

————————————
①　相对本技术手册英文版成稿时。

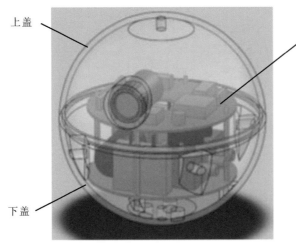

上盖

控制器、摄像头、
IMU、电池组、
驱动系统等

下盖

图 4.78　球形巡检机器人

4.4.6　GIS 设备巡检机器人

GIS 设备由于具有安装面积小、可靠性高、日常维护工作量小等优点,在变电站中的应用越来越广泛。为了保持 GIS 的绝缘性能,外壳的内表面和封装在内的所有组件需要完全清洁并填充 SF_6 气体。虽然表面在制造阶段已经被抛光,并已除去所有杂质,但组件在装配过程中的摩擦、运输过程中的机械振动,以及放电都会在 GIS 腔内产生金属颗粒或异物。这些异物会在高压电场的影响下充电和移动,严重影响设备的绝缘性能,容易引起内部击穿。由于 GIS 设备为封闭式结构,这些问题不易被及时发现、定位和处理。

为提高 GIS 设备故障诊断效率,满足新设备调试前验收和 GIS 腔内定期检查的需求,目前正在研发两种类型的机器人,即基于 X 光的 GIS 巡检机器人和 GIS 腔内巡检机器人。

4.4.6.1　基于 X 光的 GIS 巡检机器人

X 光数字成像检测系统已成功应用于 GIS 设备的视觉无损检测。高频 X 光机和数字径向(DR)成像板是该检测系统的主要组成部分。这两个部分目前均需手动安装,影响了检测质量。操作人员使用支架、盒子、绳索安装和定位高频 X 光机和 DR 成像板,这种方法简单、灵活、成本低,但也存在风险大、效率低、劳动力需求大等缺点。

为了克服 500kV 变电站 GIS 检测设备人工安装的缺点,技术人员研制了两款带机械手的机器人。机械手分别搭载 X 光机和 DR 成像板,可以加快设备安装、位置调整和 GIS 检测速度,从而节省时间,提高检测精度。这些移动机器人已经在一个 GIS 变电站(非带电作业)进行了测试[B75]。

图 4.79 所示的基于 X 光的巡检机器人系统由高频 X 光机移动机器人、DR 成像板移动机器人和移动基站组成。

图 4.80 展示了基于 X 光的巡检机器人系统。操作者将移动机械手移动到初始位置,安装相应的 X 光机和 DR 成像板。根据 X 光机移动机械手的位置和方向,DR 成像板移动机械手可以自动调整其位置和方向,以确保 X 光机的发射器、DR 成像板和 GIS 在同一水平线上。最后,操作者转移至安全地带并开始检测程序,并在移动基站上检查这些通过探测系统采集到的图像。

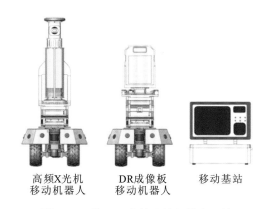

高频X光机   DR成像板   移动基站
移动机器人   移动机器人

图 4.79   基于 X 光的巡检机器人系统

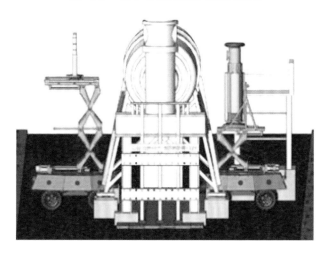

图 4.80   机器人系统的检测方法

4.4.6.2   GIS 腔内巡检机器人

目前在对 GIS 内部部件进行检查时,需要将 GIS 设备拆开,检查员才能进入狭窄的空腔检查。这个过程效率非常低,因此需要断电很长时间,还会对人员和设备构成风险。为了消除这些缺点,技术人员研发了一种用于检查 GIS 腔内的机器人样机,该样机适用于各制造商提供的电压等级大于或等于 500kV 的 GIS 设备——不论腔体的外观、型号和结构有何差异[B76]。

图 4.81 所示的 GIS 腔内巡检机器人由移动底盘、检测臂、清洁组件、电池组、控制板、驱动电机和万向轮组成。根据 GIS 空腔的形状,将底盘设计成弧形结构,再借助四个万向轮,机器人便可以在空腔内全方位移动。在底盘的侧面安装了一个质量较轻的检测臂,它的末端可以携带检测用相机或夹具,用于在狭小的空间中执行检测或维护任务。在机器人底盘的中间,安装了一个专门用于清洗 GIS 腔体内表面的组件。

该机器人可以检测螺栓松动、放电痕迹等多种缺陷,而安装在机器人上的清洁组件和夹持器可以在 GIS 腔内完成清洁、擦拭、抓取动作。借助此类机器人,可以在更短的时间内检查和处理缺陷,而不需要检查员进入 GIS 腔内。图 4.82 所示为模拟 GIS 空腔环境下的巡检机器人。

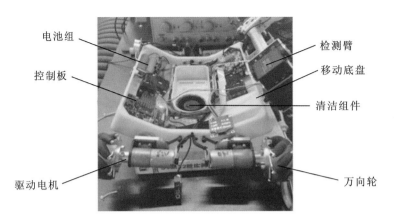

图 4.81　GIS 腔内巡检机器人

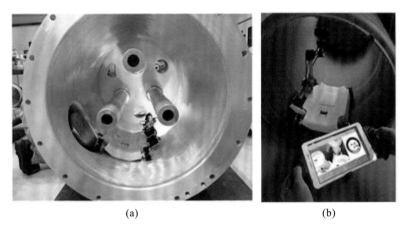

(a)　　　　　　　　　　(b)

图 4.82　模拟 GIS 空腔环境下的巡检机器人

(a)移动巡检机器人;(b)便携式控制站

　　便携式控制站和移动巡检机器人可组成一个典型的机器人系统。便携式控制站是一台装有 Android 系统的平板电脑,通过 Wi-Fi 与巡检机器人通信。目前,图 4.82 所示的被测试机器人系统正在一个 750kV 变电站中检查 GIS 断路器的内部缺陷,检测场景及采集的图像如图 4.83 所示。

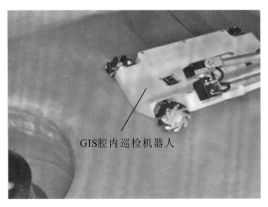

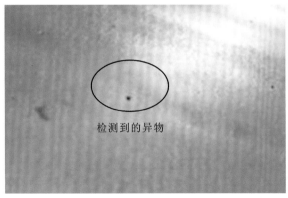

图 4.83　机器人的检测场景及获取的图像

4.5 巡检机器人的有效运行

中国在数以百计的额定电压为 110~1000kV 的变电站中部署了数以千计的机器人。基于这方面的经验,下面以一座 500kV 变电站为例,对变电站运维工作中机器人的典型部署方案进行讨论。

4.5.1 500kV 变电站机器人应用实例研究

本案例中的 500kV 变电站位于中国的亚热带季风气候区,面积约 73333m²。该变电站于 2007 年 8 月 21 日动工,2009 年 5 月投运。配备两台 500kV 单相自耦、空载、调压主变压器(容量 1500MV·A)。该变电站分为 500kV、220kV 和 35kV 三个区域。目前,3 条 500kV 的送出线路采用 3/2 接线方式;8 条 220kV 送出线路通过位于同一间隔的双母线连接,其中母线 I 又分为数个间隔;35kV 由 1 号和 2 号主变压器低压侧 35kV 出线分别连接一段母线为变电站系统供电,带有 5 个并联电抗器和 4 个并联电容器。保护装置安装在变电站的继保小室内。除日班的管理人员外,其余的运维人员分三班工作,以确保 24 小时设备巡检、运行、现场测试、定期检测、轮岗、设备故障排除、日常维护、紧急任务等。

本案例中的机器人已于 2017 年 9 月 24 日在变电站投入使用,并已证明能够有效收集与大型变电站设备相关的多方面信息。除路况受限和柜内仪表、设备老化等因素导致的自动检测难题外,现已设立 7000 多个机器人巡检点,实现全站覆盖。可见光和红外识别率分别为 98.5% 和 97.12%,测温误差在 ±2℃ 以内。到本技术手册英文版成书为止,已探测出 10 个缺陷,并相应地予以解决。待检设备和检查项目见表 4.4。

表 4.4 待检设备和检查项目

仪器	待检设备	检查项目
视觉摄像机	所有的仪表	抄表
红外成像仪	电气设备与过渡金具的连接、金属导线、传输导线的连接器(张力钳、连接套、修复套、并沟线夹、跳线钳、T 形连接器、端子连接器等)、隔离开关、断路器、电流互感器、套管、油浸式电压互感器、电抗器、氧化锌避雷器、电缆端子等	红外发热缺陷

4.5.1.1 任务分配

如前所述,该变电站分为 35kV、220kV、500kV 三个区域,分别进行设备检查和红外发热缺陷检测。机器人按照表 4.5 的设定进行自主检测。

表 4.5 检查任务分配

时间	任务	执行任务的步骤	充电
第一天 10:00	视觉检查	(1)检查 220kV 区域内所有目标设备; (2)上述检查完成后,在机器人承受能力范围内,对被识别为具有一般甚至严重缺陷的设备进行检查	—

时间	任务	执行任务的步骤	充电
第一天 20:00	红外测温	(1)利用红外技术测量 220kV 设备 A 面温度; (2)采用红外技术测量 35kV 区域主变压器设备 A 面温度; (3)上述检查完成后,在机器人承受能力范围内,对被识别为具有一般甚至严重缺陷的设备进行检查	检查过程中充电 2 小时,检查完成后充电 4 小时
第二天 12:00	视觉检查	(1)检查 35kV 区域主变压器的所有目标设备; (2)在完成上述检查后,在机器人承受能力范围内,对被识别为具有一般甚至严重缺陷的设备进行检查	检查完成后充电 3 小时
第二天 21:00	红外测温	(1)利用红外技术测量 500kV 区域设备 A 面温度; (2)利用红外技术测量 220kV 区域设备 B 面温度	检查完成后充电 4 小时
第三天 10:00	视觉检查	(1)检查 500kV 区域内的所有目标设备; (2)上述检查完成后,在机器人承受能力范围内,对被识别为具有一般甚至严重缺陷的设备进行检查	检查完成后充电 4 小时
第三天 21:00	红外测温	(1)利用红外技术对 35kV 区域主变压器设备 B 面温度进行测量; (2)利用红外技术测量 500kV 区域设备 B 面温度	检查完成后充电 4 小时

机器人会根据预定任务和实际巡视结果,有针对性地对关键和故障设备开展自主巡视。在保证变电站一次设备安全的前提下,机器人利用率最高可达 95%(充电时间除外)。然而,运维人员还需要人工检查漏油、导体松动、瓷绝缘子污染和裂缝、构件生锈和腐蚀、终端盒故障、二次设备柜保护装置状态显示屏、电流和电压接线端子、维护电源柜的终端盒、智能控制柜、集成控制柜等。

表 4.6 给出了变电站主变压器检查任务设置的例子。

表 4.6 变电站主变压器检查任务表

序号	仪器	设备	检查项
1	红外成像仪	设备表面温度	温度异常
2		高压侧套管与接头温度	温度异常
3		中压侧套管与接头温度	温度异常
4		低压侧套管与接头温度	温度异常
5		中性点套管与接头温度	温度异常
6		中性点接地	温度异常
7	高清视觉摄像机	油流继电器	计量值
8		呼吸器	颜色变化
9		气体继电器	异常值
10		本体油位计	液位异常值
11		高压侧套管油位计	液位异常
12		中压侧套管油位计	液位异常
13		低压侧套管油位计	液位异常
14		油温计	异常值
15		绕组温度计	异常值

图 4.84 所示为 1 号主变压器的 A 相外观和 C 面温度测量图像。

(a)

(b)

图 4.84　1 号主变压器的 A 相外观和 C 面温度测量图像

(a)外观；(b)热图像

4.5.1.2　缺陷报告示例

表 4.7 为本案例 500kV 变电站 2133 A 相隔离开关静触点发热缺陷检测情况。

表 4.7　巡检报告示例

500kV 变电站红外检测异常报告			
温度：9.80℃ 湿度：98.90%	检测时间		2019-02-04 19：46：35
发热设备名称	2133 隔离开关		检测性质：带电检测
具体发热部位	静触点		
温度/℃	32.26		
环境参考温度/℃	9.8	风速/(m/s)	5
温差/℃	24	相对温差/%	95
负载电流/A	310	额定电流/A	1000
		电压/kV	220
红外图像：具备测试距离、反射率、测试时间等必要信息			

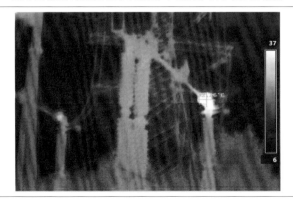

视觉图像(如有需要):

备注:

4.5.1.3 应用成效

根据 2018 年 12 月 5 日的机器人月度运行统计结果,机器人每月进行 30 次常规巡检和 3 次红外巡检,使运维人员有更多时间从事其他任务。500kV 变电站人员常规巡检次数由 30 次/月减少到 10 次/月,红外测温频率由 5 次/月下降到 2 次/月,避雷器泄漏电流和 SF_6 气体压力表的读取频率由 12 次/月下降到 2 次/月,参见图 4.85。

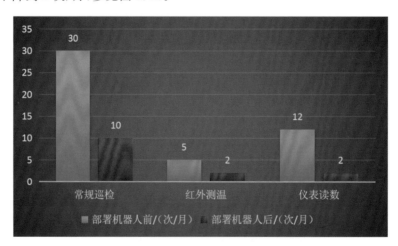

图 4.85 部署机器人前后工作量比较

(来源:中国国家电网公司)

2018 年排查并核实了 3 项缺陷,其中 1 项是关键缺陷,2 项为严重缺陷。这些结果表明,部署机器人后,能够及时发现缺陷,并对现场设备进行状态检查,迅速发现和消除潜在风险,从而避免设备故障。

4.5.2 机器人和监控系统的结合

机器人可能无法进入变电站的所有区域,因此通常将其作为变电站巡检的补充。其中涉及各种技术,如视频监控和状态监控结合,构成模式见 Robots Plus 系统(图 4.86)。在该系统的一项应用中,确定了 28 类一次设备的巡检需求,并编制了典型巡检目标清单。为了使机器人在室内外都能自由移动,还采用了自动门和蓝牙技术。此外,为了减少巡检盲点,还采取了安装微型摄影机及镜子、调整仪表方向、使用辅助标签等方法。在一个试点项目中,该机器人巡检系统配备了远程监控设备,以减少人员出勤次数,提高巡检效率。

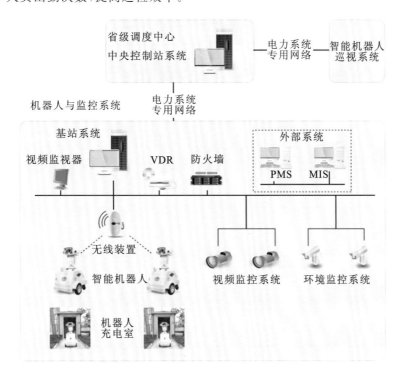

图 4.86 机器人与监视器的集成系统架构

4.5.3 多个变电站的机器人轮岗

机器人可以在单个变电站中使用,也可以跨多个变电站部署。在后一种情况下,通过研发一种轮岗模型,一台机器人可以服务多个变电站(图 4.87)。这些变电站虽然共用一个机器人,但都具备单独的控制和监控系统以及机器人充电室(可选)。通过转运车辆将机器人运送到不同的变电站。待设定好巡检路线、巡检项目等信息后,机器人会自动进行巡检并收集其所在变电站内所有设备的状态信息。但运维班组仍需检查变电站内的环境,处理机器人发现的故障或缺陷,并对机器人进行检查和维护。

例如,在 5 个距离较近的变电站中,假设机器人巡检 1 个变电站耗时 3 天,那么 5 个变电站的巡检就可以在 15 天内完成。

这种轮岗方式具有以下优点:

①在机器人数量有限的情况下,可以实现巡检范围和机器人使用的最大化,同时将维护人员巡检次数降到最低。

②在设备大修前后和重大缺陷处理过程中,可以立即派遣机器人到变电站巡检。

③在机器人转移过程中,可能会发生线缆松动、硬件磨损或类似损伤;然而,在实际应用中,这些小问题并没有对生产力产生重大的不利影响。

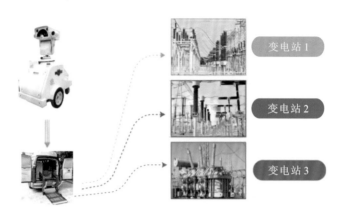

图 4.87 变电站巡视机器人轮岗

4.6 优势和挑战

4.6.1 优势

根据调查结果和对公共事业公司机器人应用的详细分析,变电站机器人具备以下优点:

(1)安全性。

变电站一旦配备了巡检机器人,可以大大降低人员的出勤率以及与设备的接触频率,避免人身安全隐患。

(2)检测客观性。

编程后的机器人配有统一的检测仪器,可避免由于人员技能差异和周边环境变化而产生的问题,从而保证了工作的高度标准化。这些机器人提供的格式化客观数据大大提高了隐蔽处和发展中缺陷的识别率,从而提高了设备巡检工作质量。

(3)降低劳动强度。

巡检机器人的应用可以有效减少运维人员的工作量。变电站工作人员不需要做重复、艰辛的工作,可以自由执行其他任务,只需要对检查结果进行评审确认,对已发现故障的设备进行评估。

(4)更高的巡检频次。

配备了集成检测设备的机器人,工作频次更高且更加有效,特别是能够及时跟踪设备异常和缺陷,减少延误,防止重大事故的发生。

(5)智能分析。

变电站工作人员可以根据巡检机器人采集到的信息,对设备进行历史测温分析、三相数据对比、历史趋势分析等综合分析,为状态评估决策提供依据,提高巡检质量和管理水平。

4.6.2 挑战

目前,变电站已经部署了大量的机器人,它们为变电站的运维提供了新的技术手段。由于变电站室外环境恶劣或某些检测环境严苛,因此对巡检机器人的环境适应性和功能性要求较高。调查现有系统实际应用发现,变电站巡检机器人还面临以下几个方面的挑战:

(1)自主移动。

目前,结构化工作区域使用的地面机器人具有制图、自主定位和导航(2D/3D激光导航)能力,但在环境变化的情况下,仍存在障碍物检测能力较差和定位失效的情况。目前地面机器人在遇到障碍物时一般会停止工作,因此,它们收集线性目标、低洼道路、工作人员和障碍物的准确信息的能力需要大大提高。

对于基于 UAV 的巡检,机器人需要有避开变电站(结构和路线)高度下所有障碍物的安全导航能力,这仍然是一个技术挑战。

(2)准确性和覆盖面。

由于图像采集设备和环境条件(如下雨、多云、阳光直射)对采集图像的质量有很大影响,因此,提高识别精度仍然是机器人需要克服的首要挑战。在实际的变电站运维过程中,需要通过对视觉图像的详细分析来识别许多类型的缺陷,如结构变化、有污物、有异物、漏油等,但执行这些任务的机器人的功能准确性较低,需要进一步研发。

现有的机器人一般具备声音采集和双向语音通信功能,然而,声音分析功能仍然不够成熟。

现有的局部放电检测仪器技术指标差异较大,缺乏定量分析所需的数据。因此,现有的机器人无法进行自动分析。

现有的机器人不能用于执行一些复杂的巡检任务,如本节前面所述的内容以及油色谱分析,因而它们的实际应用受限。更广泛的巡检和检测功能使机器人有可能执行更多的任务,并减少人工参与。

(3)鲁棒性。

恶劣的条件,如极端温度、下雪、沙尘暴以及非开放环境,对机器人的稳定性和性能提出了很高的要求。迄今为止,机器人在中国的使用仅限于某些地区。例如在东北,由于冬季漫长,传统轮式机器人无法部署,而且低温条件下电池性能也会下降。同样,在一些沿海地区,机器人零部件会受到盐雾的严重腐蚀。此外,高原和其他高温高湿特殊地区对机器人的防护和环境适应性要求更高。

(4)信息安全。

机器人与监控系统之间的信息传输通常采用无线网络,这给机器人运行带来了很大的安全隐患。为了实现变电站机器人监控系统、控制系统、生产管理系统、企业资源计划和智能辅助系统之间的互联,必须提高信息安全性。

(5)成本高。

目前用于变电站巡检的机器人仍需进一步满足环保、功能、运行可靠性方面的严格要求,因此需要进一步的投资,以开发新功能和改进性能。

对于机器人制造商来说,现有的移动巡检技术不适用于对固定位置和角度的巡检,因为会涉及与道路铺装和任务配置相关的大量工作。

此外,与机器人操作、维护、维修和升级相关的高昂成本也给公共事业公司和机器人制造商带来相当大的挑战。

(6)统一的接口。

目前,为不同机器人设计的组件或模块不具备可替代性或可升级性。因此,有必要加强基于统一硬件接口的机器人的标准化和模块化设计,以提高可维护性和互换性。此外,监视和控制系统的统一接口将有助于统一管理。同理,变电站中使用的其他系统和中央管理系统的接口也需要标准化,以确保信息安全,同时降低研发和运维成本。

4.7 发展趋势

在中国和新西兰,公共事业公司已经在变电站使用机器人进行设备巡检。在大数据、基于 AI 的深度学习算法等新兴技术以及日益增长的应用需求的推动下,在不久的将来有望研发出小型、模块化、易于操作、智能、低成本的机器人。机器人系统的稳定性和易于维护仍然是这一进程中将面临的主要挑战。

为了满足变电站运维对机器人的新要求,负责研发变电站巡检机器人的研发团队可能会关注以下几个方面。

4.7.1 灵活移动

目前,大多数巡检机器人需要铺装道路(或其他平坦连续的道路),而这一条件大多数变电站都不具备。因此,需要能够在不同地面上行进的机器人,以实现更广泛的用途。

要进一步研究基于多传感器(3D 激光、陀螺仪、惯性导航、GPS、可见光相机等)的导航技术,以消除路面颠簸、爬坡等问题带来的运动误差。变电站机器人应能够在任何地形上行走,并且应配备感知传感器以保证安全运行。即便是在复杂的动态环境中,SLAM 也可为机器人系统提供精确的位置信息。

4.7.2 可靠检测

(1)红外热检测。

采用高分辨率红外技术能提高温度测量的清晰度和准确性。此外,采用红外热图像分析,能减少环境温度和周围设备温度的干扰,提高峰值温度检测的准确性。

(2)视觉检查。

需要进一步发展基于图像和视频的变电站状态识别技术,重点研究对变电站内如漏油、变形、裂纹、烟、雾、火的识别,甚至检测变电站的环境变化。随着视觉检测覆盖面的扩大,机器人的工作范围也会扩大,从而减少工作人员的现场工作。

(3)声学检查。

目前,机器人只能收集和回放周围的声音,不能很好地进行声音分析。对变电站内设备声音的检测和分析技术已经在研发中,其目的是让机器人通过声学、超声波和其他检测仪器探测特定设备(如变压器)发出的异常声音。

(4)紫外检测。

目前正在研发利用紫外成像仪在线检测和定量分析 SF_6 泄漏的技术,以及基于紫外线技术的漏油检测技术,其中如何在机器人中有效地利用紫外成像仪至关重要。

(5)局部放电检测。

目前应用于机器人的局部放电检测技术无法进行在线分析。因此,局部放电检测的定量分析有待加强。

4.7.3 智能运行

(1)自主性。

当机器人与变电站系统连接后,可根据变电站分析软件的指令,自动分派巡检任务的相关信息。特别是对于高危设备,需要精心配置关键设备跟踪监控、一键序列控制等功能,提高机器人巡检的独立性和针对性,以更好地满足智能变电站自动化运维的要求。

(2)深度学习。

随着监控数据量的增加和 AI 领域的深度学习变得更加普遍,这些进步将会提高机器人的智能水平,进而获取更多的信息以进行异物识别。预计将来会研发一个普适的智能大脑机器人系统,用于智能传感、规划、决策、操作和交互,提高机器人的智能化水平,实现人工和机器人的无缝协作。

(3)大数据分析。

将中央控制系统扩展到机器人运维管理、多工位数据分析、监控系统的标准化运维管理、机器人移位控制等任务。这个系统可以与其他系统互联,全面比较和分析相关的大数据(如历史检测趋势、相同类型检测数据和基本设备信息),还具有智能执行异常数据挖掘和提高故障预测的能力,从而有助于运维方案的制订。

(4)人机交互。

未来可以将变电站的 3D 信息与机器人的实时状态结合起来,增强变电站的可视化,提高机器人的交互性。虚拟现实(VR)技术应该应用于人机交互系统。语言交互也是提高人机智能交互的一条有效路径。

4.7.4 系统集成

(1)与其他变电站系统集成。

目前,由于信息安全问题,大部分室内外巡检机器人系统并没有直接接入变电站运维管理系统。为了克服这些挑战,中国已经在尝试将辅助控制数据(如安全、消防和环境监测)集成到机器人系统中。安全通信模块也正在通过电力系统专用网络进行实时研发和应用,为机器人系统与常规电网其他操作系统(调度数据采集与监控系统、人力资源系统、财务系统、监控系统)的结合提供技术支持。

(2)统一的接口。

为确保与其他变电站系统进行可靠的信息交换,应统一标准化接口和协议。为了实现这一目标,需要设计一个包含检测数据的定制机器人检测模块,与相应的 PMS 模块相匹配。

(3)协同运行。

目前可用的机器人系统大多具有变电站监控系统接口和信息集成接口,实现了机器人与其他运维工作的协同运行。例如,在切换操作期间,允许机器人通过最佳路径规划自动移动到待检设备,而控制中心的操作员可以观看整个作业的视频直播,以确认操作执行正确。

4.7.5 应用前景

目前正在研发一种具有智能决策模块的新型机器人,其可用于变电站室内外巡检,自动检查变电站内所有一次、二次、辅助设备设施。

机器人需要适应各种环境,如沙漠或无人居住地区、极寒地区、高原,以及其他炎热和潮湿地区的变电站。

GIS 缺陷识别机器人正处于研发阶段,其包括 GIS 局部放电检测机器人、X 光检测机器人、腔内检查机器人。研究的进一步深入将为 GIS 巡检提供更有效的手段。

随着 UAV 在输电线路巡视中的广泛应用,变电站室内及室外设备的 UAV 巡检也得到了广泛的研究。

基于目前在变电站巡检中使用的机器人技术,针对其他领域的巡检机器人,诸如用于水电厂、风电场和光伏电站的巡检机器人也正在研发中。

4.7.6 机器人服务模式

租赁是机器人应用的一种新型商业模式。一些供应商已经开始提供由用户支付租金的机器人运维服务。在未来,这种新的商业模式将降低机器人的运维成本,提高巡检效率,并减少资产投资,使机器人更平价、应用更广泛。

为实现多台机器人的管理,目前正在研发一种集中式的机器人控制和监测系统。这将允许控制中心操作员从不同的变电站获知每个机器人的状态,以便进行闭环管理。

5　变电站维护机器人

5.1　概述

传统变电站维护一般需要对设备断电后再进行人工作业,而断电不仅会给电网公司带来经济损失,还会影响用户的用电体验。因此,法国、美国、加拿大、巴西等多个国家已实现带电维护,包括引线带电开断及连接、电力设备带电清洗等。然而,人工带电维护操作风险大,对安全防护和屏蔽要求严格,因此操作困难、效率低下。

为了完成高风险的变电站带电维护工作,国网山东省电力公司研发了两种适用于不同场景的带电作业机器人,并已在国内推广应用。

(1)带电清洗机器人。

带电清洗机器人通常成对使用,可在不断电情况下,对变电站电力设备外绝缘部件进行清洗,如支柱绝缘子、避雷器、套管等。该类机器人已应用于中国某220kV变电站试点项目,并通过了性能测试。

(2)带电维护机器人。

带电维护机器人具备支柱绝缘子清洗、干冰喷射、异物清除、断线修复等多种功能。目前,该类机器人正在中国某220kV变电站进行试用。

5.2　带电清洗机器人

因长时间暴露在露天环境中,变电站设备表面易受粉尘污染,受污染的表面在雨雪环境中绝缘性能迅速下降,最终导致闪络。传统的防污闪清洗工作一般需要断电,而使用带电清洗机器人可有效解决断电问题,在无须开关动作情况下保证电力不间断供应,同时保证清洗效果和效率。最重要的是,使用带电清洗机器人作业可保证人员安全[B77]。

5.2.1　系统组成

带电清洗机器人系统(图5.1)主要包括主清洗机器人、辅助清洗机器人、高压去离子水发生装置和远程控制系统。

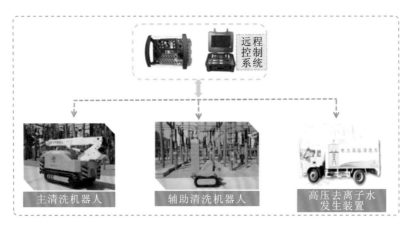

图 5.1　带电清洗机器人系统结构示意图

主清洗机器人一般由履带式移动平台、绝缘升降平台、液压阀和喷嘴组成。辅助清洗机器人由履带式移动平台、垂直绝缘升降机构、云台和喷嘴组成。高压去离子水发生装置由移动装置、去离子水发生装置、蓄水装置及高压水泵组成。远程控制系统由 Wi-Fi 网络设备、运动控制器和电磁阀组成。

5.2.2　系统功能

主清洗机器人主要用于清洗位于高空的悬式绝缘子、耐张绝缘子串、支柱绝缘子和外绝缘部件（如电压互感器、电流互感器等大型带电设备的套管）。辅助清洗机器人通常协助清洗较低处的支柱绝缘子、隔离开关用并联间隙绝缘子，以及避雷器等外绝缘部件[B78]。高压去离子水发生装置为机器人提供可靠的高压水源，电阻率可达 $1M\Omega \cdot cm$。远程控制系统通过 Wi-Fi 网络设备、运动控制器等实现对机器人的指令控制[B79]。

（1）目标设备：高空悬式绝缘子、耐张绝缘子串、支柱绝缘子、大型带电设备套管、避雷器等变电站设备。

（2）工作方式：冲洗过程采用双机器人跟踪模式，主清洗机器人和辅助清洗机器人分别放置在带电设备的两侧（约成 180°放置），如图 5.2 所示，对带电设备绝缘子逐串进行冲洗。

图 5.2　变电站带电清洗机器人现场作业情况

5.2.3 技术特点

（1）绝缘设计。

在机器人绝缘设计方面，采用软、硬件相结合的绝缘保护策略。软件通过分析计算不同电压水平对应的安全距离，硬件措施一般包括绝缘悬臂、绝缘支架等。软件设计和硬件保护措施可共同保证机器人满足单相对地以及相间绝缘要求。

机器人中还集成有激光、视觉超声波、泄漏电流等多源信息检测装置，并配有基于分类器的绝缘保护决策专家系统软件，实现带电作业全过程的监控和智能保护，以保证机器人和带电设备的安全。

（2）双机器人清洗。

主清洗机器人和辅助清洗机器人对称地放置在绝缘子两侧。主清洗机器人用于冲洗绝缘子上的污垢，而辅助清洗机器人用于冲洗由此产生的可能破坏绝缘性能的污水。基于双机器人跟踪控制算法的带电清洗可实现操作目标的精确定位、清洗参数的自主调节和操作过程的优化，从而提高定位精度和清洗质量。

（3）不同地形机动性能。

清洗机器人配备有全地形移动和操作平台，由液压伺服驱动，可跨越缝隙、电缆沟和台阶。在感知、规划和决策方面的分级控制结构使其具有自主感知操作环境、自动操作及智能决策的功能，因此，清洗机器人可在变电站的道路和设备间无障碍通行并稳定操作。

5.2.4 测试

2016 年 5 月，上述清洗机器人在中国某 220kV 变电站断电条件下进行了测试，如图 5.3 所示，从喷射路径规划、清洗方式、水电阻率和泄漏电流实时在线监测等方面分别验证了其性能。

图 5.3 某 220kV 变电站断电条件下清洗机器人测试

2016 年 10 月，在高压试验大厅对上述清洗机器人进行了绝缘性能测试，如图 5.4 所示。在执行 110～220kV 电压等级装置的清洗工作时，机器人的泄漏电流远低于 1mA，满足带电清洗的技术要求。

2016 年 11 月，在中国某 110kV 变电站通电条件下带电清洗机器人进行了支柱绝缘子清洗，如图 5.5 所示。清洗过程中，机器人系统收集相关数据，例如通过紫外检测器的光子计数分析绝缘子放电及泄漏电流情况，评估机器人安全性能。试验过程中，漏电电流保持在 1mA 以下，证明未发生闪络及断电。此外，绝缘子表面清洁效果良好，验证了机器人功能的有效性。

图 5.4　清洗机器人绝缘性能测试

图 5.5　中国某 110kV 变电站通电条件下带电清洗机器人测试

5.3　带电维护机器人

由于变电站各类设备常密集布置在有限空间内,因此人工带电维护工作非常困难,效率及质量均无法保证,如图 5.6 所示。为解决上述问题,研发了多功能带电维护机器人。

图 5.6 变电站人工维护作业

5.3.1 系统组成

带电维护机器人主要由机器人本体、高功率密度液压机械手、控制系统、专用工具等组成[B80]，如图 5.7 所示。

图 5.7 带电维护机器人结构示意图

带电维护机器人本体由履带式移动平台和绝缘升降机组成,如图5.7和图5.8所示。高功率密度液压机械手由主、从机械手组成,专用工具包括干冰喷射装置、刷洗装置和断线修复装置。

图5.8　带电维护机器人本体

5.3.2　系统功能

(1)干冰喷射。

带电维护机器人干冰喷射装置通常包括空气压缩机、干冰破碎装置及喷嘴。干冰喷射是目前最为先进的清洗技术,以固体二氧化碳颗粒作为清洗介质,可升华为气体以去除污物,防止外部电气绝缘部件常见的污闪事故发生,如图5.9所示。

图5.9　干冰喷射清洗绝缘子

(2)刷洗。

带电维护机器人平台上安装有刷洗装置,对支柱绝缘子进行带电清洗。刷洗装置包含绝缘支柱、传动齿轮、环绕装置、刷头以及电机等。绝缘机械手抬起刷头,使环绕装置中心与绝缘子轴心平齐,刷头在电机驱动下边自转边沿着环绕装置的齿轮旋转,以此完成绝缘子整个表面的刷洗,如图5.10所示[B81]。

图 5.10　支柱绝缘子刷洗

（3）异物清除。

带电维护机器人平台上还安装有高功率密度液压机械手，用于清除变电站线路上的异物，如图 5.11 所示。

图 5.11　支柱绝缘子异物清除

（4）断线修复。

带电维护机器人断线修复装置主要由修复夹、夹紧机械手、导线对准装置、传动机构和控制系统组成。修复时由液压机械手夹紧工具来完成导线修复和校直。该装置适用于横截面积 400mm² 以下导线的临时修复，如图 5.12 所示。

5.3.3　技术特点

（1）绝缘设计。

由于机器人需要在带电设备上操作，而操作区域密集排布着各种设备，因此其绝缘设计非常重要。带电维护机器人一般采用复合绝缘配置，包括绝缘升降臂、机械臂的绝缘支撑件、专用工具绝缘材料等。此外，机器人还配备有感知传感，包括超声波、可见光相机及泄漏电流传感器，以提升安全性能。

图 5.12　断线修复装置

（2）高效多功能专用工具。

变电站维护工序复杂、风险大、非标设备多，设计配备有便携、灵活工具的机器人非常具有挑战性。为了满足变电站维护需求，研发了配备有统一热插拔液压动力和模块化扩展端口的标准化工具，这些工具可用于带电设备刷洗、干冰喷射、异物清除、断线修复等。

（3）信息融合。

机器人集成了来自激光雷达、可见光相机、无线通信、智能网络等的各种信息，无线遥控和智能人机交互功能用于绝缘升降台和机器人各连接处角度的控制，视频监控、自动避障以及一键撤回等功能保证了机器人的精准控制和自动化操作。

5.3.4　测试

2018 年 10 月，在高压试验大厅对带电维护机器人进行了测试，如图 5.13 所示。测试结果表明，该机器人样机的绝缘性能和各项功能满足 220kV 变电站带电作业要求。

图 5.13　带电维护机器人绝缘性能试验

（来源：中国国家电网公司）

2018 年 11 月,带电维护机器人在中国某 220kV 变电站断电条件下进行了测试,如图 5.14 所示,现场测试了机器人的刷洗、异物清除、断线修复等功能。

图 5.14　某 220kV 变电站断电条件下维护机器人测试

(来源:中国国家电网公司)

　　2019 年 1 月,带电维护机器人在中国某 220kV 变电站带电条件下进行了测试,如图 5.15 所示。测试过程中,机器人顺利完成了支柱绝缘子带电清洗,并在非带电情况下实现了干冰喷射及异物清除功能。

图 5.15　某 220kV 变电站带电条件下维护机器人测试

(来源:中国国家电网公司)

5.4 优势及挑战

5.4.1 优势

与人工操作相比,变电站维护机器人具有以下优势:

(1)安全性。

在安全性方面,维护人员可以远离危险区域,远程操作机器人,以确保人身安全;对机器人自身而言,通过采用多级绝缘及泄漏电流实时监测,可保证机器人安全运行。此外,信息融合技术通过结合激光、超声波、可见光相机等传感器提供的数据,可保证机器人本体与带电设备间的安全距离。

(2)模块化和标准化。

为了方便操作及切换,机器人采用统一接口设置,机器人配备的专用工具也均采用标准化设计。专用工具中集成了多种巡检装置,便于收集及评估相关参数。机器人工作过程高度标准化,人为错误发生概率降低,工作质量得以保障。

5.4.2 挑战

应用机器人可提高带电维护的安全性和可靠性,然而,仍存在若干问题及挑战。

(1)尺寸问题。

目前机器人设计更注重灵活性、安全性和可操作性。然而,对于大范围商业应用而言,机器人尺寸需要更小,质量也需要更轻。

(2)功能问题。

目前还缺乏配备清洁剂的绝缘子清洗专用工具,以及用于防污闪涂料喷涂[例如室温硫化硅橡胶(RTV)]的专用工具。

(3)绝缘性能。

在高压工况下作业时,安全是重中之重。绝缘材料合理配置及绝缘结构安全设计仍是机器人研发中应持续研究的课题,以持续提升机器人绝缘性能,满足更高电压下变电站对带电作业机器人的绝缘性能要求。

(4)智能化。

随着相关技术的发展,AI、激光雷达、机器视觉及其他尖端科技有望应用于机器人,以保证其可在复杂和动态环境中获取更准确的位置信息。

5.5　结语

　　机器人可以协助或替代人工完成变电站中多种带电维护任务,包括带电清洗、干冰喷射、绝缘子刷洗、异物清除以及断线修复等。在中国,带电清洗机器人和带电刷洗用维护机器人已分别在110kV 及 220kV 变电站中投入试运行,而干冰喷射、异物清除以及断线修复机器人仍在进一步验证中,以确保其绝缘性能满足现场操作需求。

　　随着相关技术的发展,机器人将有能力应对上述挑战,成为变电站带电维护的重要手段。

6　变电站操作机器人

本章主要介绍变电站电力设备用遥控机器人以及消防机器人。

6.1　遥控机器人

6.1.1　断路器开合机器人

中压断路器开断及闭合过程通常由人工操作完成，若发生设备故障或人工误操作，操作人员可能会被电弧伤到。此外，由于断路器质量大、操作困难，操作人员还有可能在作业中遭受软组织损伤。基于以上情况，日本及美国研发了多种远程开合系统，以降低安全风险[B82,B83]。美国纽约的爱迪生公司和美国机器人公司[B84]合作研发了断路器开合机器人样机，如图6.1所示。

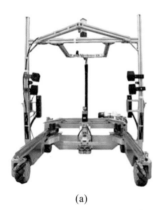

(a)　　　　　　　　　　　　　　　　　　(b)

图6.1　断路器开合机器人

(a)样机；(b)搬运底座及测试装置

所研发的机器人可以托举400kg以上的断路器并在安全速度下移动。

位于主控室的远程操作员手动控制开关柜室内的机器人，通过指令使其完成自动对齐并从地面抬起断路器、自动对齐开关柜、操作断路器进出间隔等操作。

该机器人采用基于光学特性的检测技术，可自动识别设备，并与断路器及开关柜自动对齐。操作断路器时，机器人将断路器轮对准柜体导轨，将断路器推入或拉出柜体。此外，机器人还可释放杠杆臂从柜中打开断路器，采用开合驱动工具旋转开关柜的螺母。

机器人上配备有防碰传感器以及灯光和声音警报系统，以确保机器人安全通过有人或设备的房间，并提醒附近人员正在进行断路器操作。此外，机器人采用了全向驱动装置，实现在有限空间内的精准导航。

　　机器人可在开关柜墙边的充电站中为其电池供电系统充电。操作人员利用无线网络连接机器人,也可通过摄像头远程对机器人进行监控,并利用主控室中的操控杆和 GUI 控制机器人。

6.1.2　用于开合开关柜、转动阀门等的遥控机器人

　　除了对变电站一次、二次设备进行日常检查和维护外,机器人还需要对控制箱及端子箱内设备的外观、温度、仪表盘等进行检查,如图 6.2 所示。鉴于此,研发了具有开合开关柜、按动按钮、转动阀门等功能的遥控机器人样机。

图 6.2　控制箱手动检查

6.1.2.1　系统组成及功能

　　该机器人系统主要由机器人本体、控制和监控系统以及遥控器组成。机器人本体的主要部件包括履带平台、云台、升降机、机械手以及各种传感器,如图 6.3 所示。升降机的升举范围为 0.6m,与传统变电站机器人相比检测范围更大。控制和监控系统主要用于管理巡检任务,包括收集和分析巡检数据、打印巡检报告等。

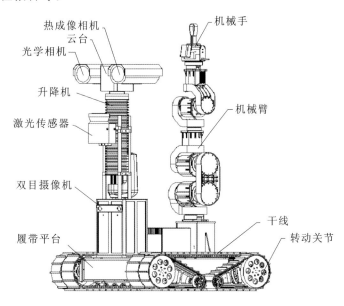

图 6.3　用于开合开关柜、转动阀门等的遥控机器人

6.1.2.2　关键技术

（1）全地形机动性。

变电站的控制箱和端子箱通常安装在草地、人行道、不平坦的道路或电缆沟里,这些复杂地形可能影响机器人的移动能力。为了解决上述问题,机器人配备有 4 个转动关节,前后关节可独立控制,从而实现翻越台阶及电缆沟等功能。配备转动关节的机器人可在变电站所有区域操作,以获得更好的检查角度和结果。

（2）自主识别障碍物。

自主识别障碍物是机器人自动化的关键技术。对于地面固定障碍物,机器人可利用激光导航到障碍物附近,然后通过测距传感器和双目视觉传感器分别检测障碍物的位置和形状,以确定机器人的精准位置,再协调 4 个转动关节和所需矩阵,躲避或跨越障碍物。目前该类型机器人可爬坡至25cm 高度。

（3）远程操作。

为实现远程操作功能,机器人配备由 6 个连接段组成的、最大载荷为 3kg 的机械臂和 1 个双指机械手。目前,机械臂和机械手都由遥控器操作,以执行打开开关柜、按动按钮及转动阀门等任务。

6.1.2.3　测试

在实验室中对遥控机器人进行测试,用遥控器测试了其打开柜门、转动阀门等功能,如图 6.4所示。

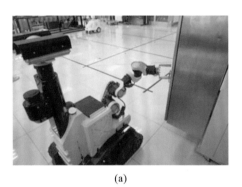

(a)　　　　　　　　　　　　　　　　　(b)

图 6.4　遥控机器人实验室测试
(a)打开柜门;(b)转动阀门

为了验证机器人障碍物自动跨越及全地形操作功能,在变电站现场进行了测试,如图 6.5 所示。测试中,机器人越过路边 17cm 高的道牙石,并在没有马路的区域执行了巡检任务。

6.1.3　用于断开开关的遥控机器人

图 6.6 所示为加拿大魁北克水电公司研发的带有机械臂的遥控巡视机器人[B3]。

该机器人配备有 35°光学变焦可见光相机、红外成像仪等设备,集成了激光、GPS、视觉等导航方式,综合定位精度可达±1cm。此外,还为机器人设计了专用运输车辆和遥控工作站。该机器人配备有特殊改装的移动平台和多自由度机械臂,可适应恶劣天气条件,能够实现−30℃积雪环境下变电站设备的图像及红外巡检,并使用机械臂完成断开开关等操作[B3],如图 6.7 所示。

(a)   (b)

图 6.5 变电站遥控机器人测试

(a)自主穿越障碍;(b)全区域巡检

图 6.6 用于断开开关的遥控机器人

图 6.7 使用遥控机器人断开开关

6.1.4 技术发展趋势

遥控机器人有望采用使用了最新信息与通信技术(ICT)的技术支持方法。

由于机器人操作便捷、安全,其形式及相关技术都将不断发展进步,例如,未来设计中可考虑使用智能眼镜,用 AR、VR 等技术对操作员进行虚拟操作培训。

6.2 消防机器人

在火灾事故中,救援时间非常重要,及时的救援不仅可以挽救生命,还可以保护基础设施的安全。室内起火一般用固定式自动灭火设备扑灭,如洒水器、惰性气体灭火器等;而室外起火风险更高、影响范围更大(图 6.8),需要其他解决方案。因此,世界各国都在研发消防机器人。

图 6.8 变电站室外火灾事故

6.2.1 中国研发的变电站消防机器人

中国已成功研发智能消防机器人样机,该机器人可在高温、有毒、缺氧、浓烟等环境下取代人工进行灭火操作。发生火灾时,机器人携带消防设备及各类传感器,由内核程序驱动迅速赶往现场,并快速收集、处理和反馈各类信息。

6.2.1.1 系统组成及功能

消防机器人由机器人本体和消防水带装置构成,如图 6.9 和图 6.10 所示。

图 6.9 消防机器人本体

对接监控装置

消防水带接口

消防水带自动回收装置

消防水带自动对接装置

图 6.10 消防机器人消防水带装置

（1）消防机器人本体。

消防机器人本体包括履带式移动平台、灭火升降机和主控系统等。履带式移动平台为机器人其他单元提供支撑，确保复杂环境下的灭火效率。

灭火升降机通过升降、俯仰、转弯等动作喷出水、雾或干粉，实现高精度灭火功能。

主控系统由运动控制、防翻倒报警、自喷射冷却、红外热成像、工作环境传感、抗干扰通信、远程控制等单元组成，确保机器人安全、稳定、准确工作。

（2）消防水带装置。

为了使消防机器人在无人值守变电站内工作，并将高压水输送到火灾现场，消防机器人配有消防水带装置，消防水带与变电站消防栓相连，持续供应高压水。此外，机器人还具备对接及回收消防水带的功能。

消防机器人可使用水、泡沫、干粉等各种灭火剂对变电站变压器、电容器等设备进行灭火，依靠红外成像仪准确定位火源并灭火，利用传感器传输实时信息，并由抗干扰通信单元实时控制。根据起火的设备是否带电，消防机器人还可切换不同的灭火介质。

6.2.1.2 关键技术

（1）基于红外成像仪的火情探测与定位。

由于环境干扰、红外成像仪自身精度等问题，红外热成像的信噪比和对比度较低。因此，研发了专用的信号提取方法，用于准确定位设备起火位置。

（2）无人值守变电站消防技术。

为了满足无人值守变电站自动消防要求，研发了控制和监控系统、消防水带自动对接及回收系统。

（3）多介质灭火技术。

根据起火设备的类型，变电站消防机器人可使用不同的灭火介质，如水、雾、干粉、泡沫灭火剂等，以满足特定情况下的灭火要求。

（4）基于数据融合的喷射技术。

消防机器人可集成来自不同传感器的多源数据，自动计算灭火介质的喷射曲率。灭火过程中，喷射角度及曲率也可自动调节，大大提高了操作精度。

6.2.1.3 测试

如图 6.11 所示，消防机器人爬坡最大坡度为 48°，可跨越 12cm 高的障碍物，并达到 IP55 的防水标准。

（a）　　　　　　　　　　（b）　　　　　　　　　　（c）

图 6.11　消防机器人性能测试
(a)爬坡;(b)跨越障碍物;(c)防水能力

对图 6.11 所示的消防机器人进行了喷水、喷雾以及干粉喷射测试,如图 6.12 所示。该机器人可以喷水至 30m 高度,喷雾至 10m 高度,还可将干粉喷洒至 183m² 的区域范围,喷射距离可达 8m。该类消防机器人可扑灭 A 类及 B 类火灾。

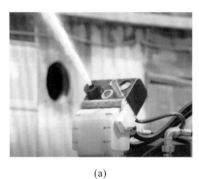
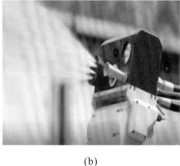

（a）　　　　　　　　　　（b）　　　　　　　　　　（c）

图 6.12　消防机器人灭火方式测试
(b)喷水;(b)喷雾;(c)干粉喷射

6.2.2　日本研发的大型设施消防机器人

日本研发的大型设施消防机器人系统是为了应对能源设施中的火灾。当火电厂、石油企业或大型化工厂发生火灾时,可能存在危险物质着火爆炸风险。由于消防人员无法直接进入这些危险地带,故常发生耽误火情控制的情况,变电站中变压器着火也存在这一问题。

因此研发了具有收集各类信息、自动喷水等多种功能的消防机器人。目前,所研发的机器人已部署在日本的大型厂站及消防部门,机器人系统的整体结构如图 6.13 所示[B85,B86]。

6.2.2.1　系统组成及功能

大型设施消防机器人系统包括飞行侦察监控机器人、地面侦察监控机器人、高压水枪机器人、可伸缩水带机器人及指挥系统,操作过程如图 6.14 所示[B85,B86],所有装置及系统均可放置在一辆车上运输,如图 6.15 所示。

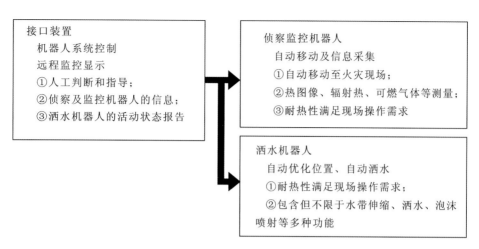

图 6.13 消防机器人系统的结构及功能

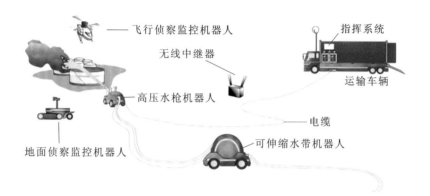

图 6.14 消防机器人系统

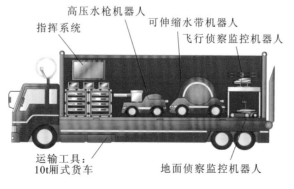

图 6.15 消防机器人系统运输布置

（1）飞行侦察监控机器人（图 6.16）。

飞行侦察监控机器人自动飞越现场以确定火灾规模，并为高压水枪机器人规划路线。一旦开始洒水，飞行侦察监控机器人就会从空中识别洒水轨迹并监控操作过程，以确保洒水至目标位置。为保证飞行稳定，飞行侦察监控机器人的旋翼采用双反转机构，并可实现自动起飞及降落。

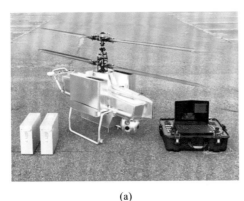

(a)　　　　　　　　　　　　　　(b)

图 6.16　飞行侦察监控机器人

（2）地面侦察监控机器人（图 6.17）。

飞行侦察监控机器人提供监控信息后，地面侦察监控机器人会自动按照高压水枪机器人的规划路线行驶，并更详尽地监控行进路线及火情。开始洒水后，地面侦察监控机器人从现场识别洒水轨迹，确保洒水至目标位置。

地面侦察监控机器人配备有车轮和履带行驶系统，可根据需求进行切换，如图 6.17 所示。

(a)　　　　　　　　　　(b)

图 6.17　地面侦察监控机器人
(a)车轮模式；(b)履带模式

（3）高压水枪机器人（图 6.18）。

高压水枪机器人耐热性最强。

通过切换工作方式，一个喷嘴可实现广角洒水、半吸泡沫喷洒、直线洒水等多种模式。

高压水枪机器人行驶至侦察监控机器人预先规划的位置后，将考虑现场风向、目标位置等信息优化配置喷嘴方向。

此外，根据侦察监控机器人提供的信息，高压水枪机器人还可判断由风速和风向变化导致的洒水偏差，并对喷嘴方向进行校正。

值得一提的是，目前高压水枪机器人最大喷水距离是 50m，可应对石油工厂中原油仓起火的极端情况，耐受热辐射能力为 $20kW/m^2$。

（4）可伸缩水带机器人（图 6.19）。

可伸缩水带机器人自动跟随高压水枪机器人行驶，在行驶过程中，卷轴自动控制铺设水带，在安全区域自动铺设(铺设最远距离可达 300m)大直径水带(最大直径可达 150mm),供操作人员操作。目前,可伸缩水带机器人本体及水带均采用高耐热材料。

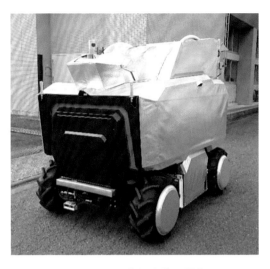

图 6.18　高压水枪机器人　　　　　　　图 6.19　可伸缩水带机器人

(5)指挥系统(图 6.20)。

指挥系统安装在运输车的集装箱内,是各类机器人的中央控制单元,通过指令实现消防机器人系统间的自主协调作业。指挥系统操作员通过分析机器人传送来的图像和测量数据得出下一步作业建议,并基于人工判断最终向机器人发出指令。指挥系统还可以遥控机器人。

图 6.20　指挥系统

(6)运输车辆。

运输车辆载有各类消防机器人及指挥系统,是消防机器人系统的中控基地,如图 6.21 所示。运输车辆上还配备有发电机,使消防机器人系统可在无外部电源的情况下运行。运输车辆上的集装箱可由吊钩装卸。

大型设施消防机器人系统需在极端高温条件下运行,因此应具备高耐热性。机器人还具备自动驾驶功能,使其可以在难以判断距离实现远程控制的情况下自动到达现场。此外,这些机器人还具备协调合作功能,机器人之间可分享信息及分析结果,从而提高操作效率。

图 6.21　运输车辆

6.2.2.2　关键技术

消防机器人系统关键技术如下:

(1)通过传感器测量以确定洒水方向和位置。

飞行侦察监控机器人和地面侦察监控机器人预先测量风速、风向和起火位置,高压水枪机器人精确测量洒水方向和位置。

(2)基于无线通信的机器人协同工作。

地面侦察监控机器人、飞行侦察监控机器人、高压水枪机器人、可伸缩水带机器人通过无线通信共享信息,协作完成各项功能,所有机器人均可实现自动控制。

(3)通过抛物线计算预测水柱喷射位置。

由于高压水枪机器人以抛物线形式喷水,基于抛物线参数计算可预测水柱将喷射到的位置,还可计算喷水距离及水压。

(4)耐热性规范。

高压水枪机器人应能耐受 $20kW/m^2$ 的热量,这与大型化工厂起火时的辐射热量相当。

(5)行驶系统切换。

由于地面侦察监视机器人提前进入场地时,在行进途中常遇到散乱的障碍物,因此同时配备轮式和履带式行走系统,并根据情况切换使用。使用轮式行走系统时,机器人可以实现高速行驶和高精度自主移动;使用履带式行走系统时,机器人则拥有出色的越障能力。

6.2.3　技术发展趋势

本章所述的大型设施消防机器人系统的研发已较为成熟,然而,由于成本较高,其目前还未被广泛使用。此外,研发人员还将考虑使用 AI 技术实现操作自动化,使用最新的 GNSS 确保高精度定位,并考虑将机器人应用于小型建筑。

用于变电站降温及电气设备灭火的新型防火机器人目前也在研发中。为此,拟采用可见光摄影机和红外成像仪快速分析起火位置,使操作人员可正确选择灭火介质来远程控制火情。机器人本体将由可见光和红外摄像机、喷水或喷雾器、云台变焦摄像机(PTZ)、履带式底盘、消防水带连接器、化学喷粉装置等组成。

6.3　优势和挑战

6.3.1　优势

（1）安全性。

以隔离开关遥控机器人为例，其可避免危险的人工操作以确保人员安全。

（2）响应时间。

以消防机器人为例，机器人响应快，可快速完成操作。

6.3.2　挑战

（1）卫星通信技术。

GNSS 无线电波无法穿透设施中的狭小部位，测距困难。因此，有必要进一步发展卫星通信技术，提高通信精度。

（2）实时地图构建技术。

当机器人首次到达现场时，3D 地图可能未覆盖，需要机器人具备在行驶过程中实时构建地图的功能。因此，有必要进一步发展实时地图构建技术。

（3）成本控制。

目前的机器人强调安全性和确定性，但其价格普遍高得让人望而却步。未来有必要研发低成本机器人，可考虑通过整合通用产品实现成本控制。

6.4　结语

本章主要介绍了变电站电力设备用遥控机器人及消防机器人。由于在复杂、危险环境中，机器人可替代人工操作，意义重大，因此所有类型的机器人均进行了精心设计和制造。尽管目前仍存在许多问题，但运行控制系统有望在未来得到进一步的发展。

7　标准化分析

7.1　标准化需求分析

运用机器人技术是降低变电站建设、检查和运维中的安全风险和劳动强度的重要手段。截至目前,中国有超过 1000 个机器人应用于 110～1000kV 变电站中。随着智能变电站和无人值守变电站的发展,这一数量将进一步增加。

尽管变电站机器人系统配备了许多新兴技术(如 AI),并承担了复杂环境(如高压环境)下的工作任务,但仍面临着功能不足、成本高昂、维护复杂等挑战。这些挑战妨碍了机器人在许多公共事业公司变电站中的应用。

然而,各种各样的机器人已应用于变电站,包括建设机器人、巡视和巡检机器人、维护机器人、操作机器人等。为了满足这一日益增长的需求,全球市场上的制造商都在为用户的各种需求提供不同的解决方案。这些方案间的差异阻碍了先进技术在全球市场的推广,并限制了组件的互换性和兼容性。此外,为了推进目前常用的技术,不同的产品还需要各制造商和研究机构单独开展大量研发工作,导致设计效率低,运维成本高。

本技术手册指出了机器人技术领域未来任务的广度和复杂性。变电站工程师应该关注需求和技术参数,而机器人工程师则需要在设计和应用上投入更多精力。此外,他们还必须在人、机器人和变电站之间的交互工作方面进行合作。由于变电站本身容易发生特定危险,因此减少人员的现场工作将有效提高安全性。而从额外的设计规定和安全裕度问题考虑,减少人员的现场工作也将提高变电站的工作效率和可持续性。

这些存在的问题需要在可用性、兼容性、鲁棒性、互换性、安全性、健康、环境保护、经济性能等方面采用标准。这些标准化工作也将促进机器人技术在变电站中的应用。

7.2　现有标准

7.2.1　国际电工委员会(IEC)

2015 年 6 月,IEC 标准化管理局(Standard Managment Board,SMB)成立了机器人技术应用

咨询委员会(Advisory Committee on Applications of Robot Technology,ACART)(现已解散),在运行中 ACART 未能完成的主要任务如下:

①协调机器人技术的共同方面,如词汇和符号;

②制定相关指南,以便能够总结为包含机器人技术的产品而制定的标准的关键点;

③促进 IEC 和 ISO 在机器人技术方面的合作;

④在 IEC 内部以及在 IEC 和 ISO 之间解决当前的重叠问题,并制定程序以防止未来产生重叠问题;

⑤与 IEC 合格评定局的紧密合作。

IEC 标准化活动主要由以下技术委员会进行:

①IEC TC 59——家用和类似电器的性能,负责制定为评判家用电器或商用电器性能以及用户利益相关特性制定检测方法的国际标准。包括与电器使用相关的方面和诸如电器的分类、可访问性和可用性,以及在销售点提供信息的人体工程学特征和条件等多个方面。

②IEC TC 62——医疗应用中的电气设备,其任务是制定、发布关于医疗保健中使用的电气设备、电气系统和软件及其对病人、操作人员、其他人员和环境的影响的国际标准和其他出版物。

③IEC TC 116——电动机驱动电动工具的安全性,旨在制定与手持式和可移动的电动机驱动电动工具和园艺器具相关的国际安全标准。

目前,IEC 机器人相关标准主要包括与家用清洁机器人和医疗机器人有关的标准,重点关注性能和安全性,如表 7.1~表 7.3 所示。

表 7.1　IEC TC 59 机器人相关标准

序号	标准编号	标题	状态
1	IEC 60704-2-17	家用和类似用途电器——空气传播噪声测定的试验规范——第 2-17 部分:干洗机器人的特殊要求	制定
2	IEC 62849:2016	移动家用机器人的性能评价方法	发布
3	IEC 62885-7	表面清洁器具——第 7 部分:家用干洗机器人——性能测量方法	制定
4	IEC 62929:2014	家用清洁机器人——干洗:性能测量方法	发布

表 7.2　IEC TC 62 机器人相关标准

序号	标准编号	标题	状态
1	IEC TR 60601-4-1:2017	医疗电气设备——第 4-1 部分:指南和解释——具有一定程度自主性的医疗电气设备和医疗电气系统	发布
2	IEC 80601-2-77	医用电气设备——第 2-77 部分:机器人辅助外科设备的基本安全和基本性能的特殊要求	制定
3	IEC 80601-2-78	医疗电气设备——第 2-78 部分:用于康复、评估、代偿或镇痛的医疗机器人的基本安全和基本性能的特殊要求	制定

表 7.3　IEC TC 116 机器人相关标准

序号	标准编号	标题	状态
1	IEC 60335-2-107:2017	家用和类似用途电器——安全性——第 2-107 部分:机器人电池供电的电动割草机的特殊要求	发布

7.2.2　国际标准化组织(ISO)

ISO/TC 299 机器人技术委员会与机器人高度相关,负责机器人领域(不包括玩具和军事应用)的标准化工作。ISO/TC 299 包括以下工作组:

①ISO/TC 299/WG1:词汇和特性。

②ISO/TC 299/WG2:服务机器人的安全性。

③ISO/TC 299/WG3:工业安全。

④ISO/TC 299/WG4:服务机器人的性能。

⑤ISO/TC 299/JWG5 Joint ISO/TC 299-IEC/SC 62A-IEC/SC 62D WG:医疗机器人的安全性。

⑥ISO/TC 299/WG6:服务机器人的模块化。

这些工作组正在制定与机器人词汇、工业机器人、服务机器人和个人护理机器人相关的标准,如表 7.4～表 7.7 所示。

表 7.4　ISO/TC 299 基本和通用机器人标准

序号	标准编号	标题	状态
1	ISO 8373:2012	机器人和机器人设备——词汇	发布
2	ISO/NP TR 9241-810	人类-系统交互的人机工程学—— 第 810 部分:机器人、智能和自主系统	制定
3	ISO 19649:2017	移动机器人——词汇	发布

表 7.5　ISO/TC 299 工业机器人标准

序号	标准编号	标题	状态
1	ISO 6210-1:1991	机器人电阻焊枪用气缸——第 1 部分:一般要求	发布
2	ISO 9283:1998	工业用操作机器人——性能标准和相关测试方法	发布
3	ISO 9409-2:2002	工业用操作机器人——机械接口——第 2 部分:轴	发布
4	ISO 9409-1:2004	工业用操作机器人——机械接口——第 1 部分:平板	发布
5	ISO 9787:2013	机器人和机器人装置——坐标系和运动术语	发布
6	ISO 9946:1999	工业用操作机器人——特征的呈现	发布
7	ISO 10218-1:2011	机器人和机器人装置——工业机器人的安全要求—— 第 1 部分:机器人	发布
8	ISO 10218-2:2011	机器人和机器人装置——工业机器人的安全要求—— 第 2 部分:机器人系统和集成	发布
9	ISO 11593:1996	工业用操作机器人——自动末端执行器交换系统—— 词汇和特征的呈现	发布
10	ISO/TR 13309:1995	工业用操作机器人——根据 ISO 9283 进行机器人性能评估的 测试设备和操作计量方法的信息指南	发布
11	ISO 14539:2000	工业用操作机器人——对象处理与抓持器——词汇和特征的呈现	发布
12	ISO/TS 15066:2016	机器人和机器人设备——协作机器人	发布
13	ISO/TR 20218-1:2018	机器人技术——工业机器人系统的安全设计—— 第 1 部分:末端执行器	发布
14	ISO/TR 20218-2:2017	机器人技术——工业机器人系统的安全设计—— 第 2 部分:手动装卸站	发布

表 7.6 ISO/TC 299 服务机器人标准

序号	标准编号	标题	状态
1	ISO 18646-1:2016	机器人技术——服务机器人的性能标准和相关测试方法——第 1 部分:轮式机器人的运动	发布
2	ISO 18646-2:2019	机器人技术——服务机器人的性能标准和相关测试方法——第 2 部分:导航	发布
3	ISO/CD 18646-3	机器人技术——服务机器人的性能标准和相关测试方法——第 3 部分:操作	制定
4	ISO/CD 18646-4	机器人技术——服务机器人的性能标准和相关测试方法——第 4 部分:腰椎支撑机器人	制定
5	ISO/CD 22166-1	机器人技术——第 1 部分:服务机器人的模块化——第 1 部分:一般要求	制定

表 7.7 ISO/TC 299 个人护理机器人标准

序号	标准编号	标题	状态
1	ISO 13482:2014	机器人和机器人设备——个人护理机器人的安全要求	发布
2	ISO/TR 23482-1	机器人技术——ISO 13482 的应用——第 1 部分:与安全相关的测试方法	制定
3	ISO/TR 23482-2:2019	机器人技术——ISO 13482 的应用——第 2 部分:应用指南	发布

7.2.3 电气和电子工程师学会(IEEE)

IEEE 标准协会(IEEE-SA)负责 IEEE 标准化工作的程序管理,而各技术协会负责标准的技术评审。IEEE 机器人技术和自动化学会(IEEE-RAS)已经制定了两个关于本体和数据表示的机器人标准,另外三个通用标准正在制定中。2019 年,IEEE 医学与生物工程学会(IEEE-EMB)和 IEEE-RAS 启动了一项医疗机器人的标准项目。相关标准如表 7.8 和表 7.9 所示。

表 7.8 IEEE 通用机器人相关标准

序号	标准编号	标题	状态
1	IEEE 1872—2015	机器人和自动化的现存标准	发布
2	P1872.1	机器人的任务表示	制定
3	IEEE 1873—2015	导航用机器人地图数据表示的 IEEE 标准	发布
4	P2751	用于机器人技术和自动化的 3D 地图数据表示	制定
5	P7007	伦理驱动的机器人和自动化系统的有关标准	制定

表 7.9 IEEE 医疗机器人标准

序号	标准编号	标题	状态
1	P2730	医疗电气设备(系统)中使用机器人技术的医疗电气设备(系统)的术语、定义和分类的标准	制定

7.2.4　相关国家标准

7.2.4.1　中国标准

机器人在中国的应用范围已经超出了工业应用领域,许多领域已开展研发工作,如家庭和服务供给。因此,中国已经制定了 60 多个与机器人相关的国家标准,还有 50 多个标准正在制定中,其中包括一个用于电力行业的机器人术语标准。这些国家标准主要包括术语和分类标准、工业机器人和服务机器人的技术要求,以及用于机器人的软件、通信技术和零部件的标准。这些国家标准中约有 25% 直接采用或修改采用了 ISO/TC 299 的标准。

注:中国国家标准《电力机器人术语》(GB/T 39586—2020)已于 2020 年 12 月 14 日发布,2021年 7 月 1 日开始实施。

随着机器人在中国电力领域的应用日益广泛,中国已经制定或正在制定一些标准以满足迫切的市场需求,特别是变电站广泛使用的检测机器人的标准,如表 7.10～表 7.12 所示。

表 7.10　中国变电站机器人电力行业标准

序号	标准编号	标题	状态
1	DL/T 1610—2016	变电站机器人巡检系统通用技术条件	发布
2	DL/T 1636—2016	电缆隧道机器人巡检技术导则	发布
3	DL/T 1637—2016	变电站机器人巡检技术导则	发布
4	DL/T 1846—2018	变电站机器人巡检系统验收规范	发布
5	DL/T 2239—2021	变电站巡检机器人检测技术规范	发布
6	DL/T 2241—2021	变电站室内轨道式巡检机器人系统通用技术条件	发布

注:截至本技术手册英文版出版时,表 7.10 中第 5 项和第 6 项标准尚在制定过程中,但现在已经发布实施。所以笔者将其标准编号列入表中,并将其状态更改为"发布"。

表 7.11　中国变电站机器人团体标准

序号	标准编号	标题	状态
1	T/CEC 159—2018	变电站机器人巡检系统扩展接口技术规范	发布
2	T/CEC 160—2018	变电站机器人巡检系统集中监控技术导则	发布
3	T/CEC 161—2018	变电站机器人巡检系统运维检修技术导则	发布
4	T/CEC 391—2020	变电站巡检机器人信息采集导则	发布
5	T/CEC 392—2020	变电站机器人巡检系统施工技术规范	发布

＊本表所列标准由中国电力企业联合会(CEC)制定,该技术协会是中国电力行业标准的管理组织。

注:截至本技术手册英文版出版时,表 7.11 中第 4 项和第 5 项标准尚在制定过程中,但现在已经发布实施。所以笔者将其标准编号列入表中,并将其状态更改为"发布"。

表 7.12　中国国家电网公司变电站机器人企业标准

序号	标准编号	标题	状态
1	Q/GDW 11513.1—2016	变电站智能机器人巡检系统技术规范 第 1 部分:变电站智能巡检机器人	发布
2	Q/GDW 11513.2—2016	变电站智能机器人巡检系统技术规范　第 2 部分:监控系统	发布
3	Q/GDW 11514—2016	变电站智能机器人巡检系统检测规范	发布
4	Q/GDW 11515—2016	变电站智能机器人巡检系统验收规范	发布
5	Q/GDW 11516—2016	变电站智能机器人巡检系统运维规范	发布
6	2018.7	适合智能机器人巡检的变电站设计要求	制定

这些电力行业标准、CEC 团体标准和 SGCC 企业标准通常涵盖机器人的制造、功能和性能、测试以及操作和维护等方面的技术规范或要求。这些标准为产品质量设定了基准,并帮助公共事业公司在变电站中使用和管理机器人巡检系统。

7.2.4.2　日本

日本工业标准(Japanese Industrial Standards,JIS)由日本国家标准化机构日本工业标准委员会(JISC)管理。在日本,相当大比例的工业和家庭服务机器人标准与 ISO 标准等同或基于 ISO 标准编写,尤其是与服务机器人相关的标准。JIS 还包括专门为日本市场制定的标准。表 7.13 列出了有关机器人的 JIS。

表 7.13　日本机器人标准

序号	标准编号	标题	状态
1	JIS B 8439:1992	工业机器人——编程语言 SLIM	发布
2	JIS B 8440:1995	工业机器人——中间代码 STROLIC	发布
3	JIS B 8446-1:2016	个人护理机器人的安全要求—— 第 1 部分:无机械手的静态稳定移动服务机器人	发布
4	JIS B 8446-2:2016	个人护理机器人的安全要求—— 第 2 部分:低功率约束型物理辅助机器人	发布
5	JIS B 8446-3:2016	个人护理机器人的安全要求—— 第 3 部分:自平衡载人机器人	发布

7.2.4.3　美国和加拿大

在美国和加拿大(二者情况类似),没有变电站环境中机器人操作的具体标准。尽管如此,工业机器人和机器人系统的安全标准已经生效(表 7.14)。这两个国家的标准都基于 ISO 10218-1:2011 和 ISO 10218-2:2011 国际标准,并增加了与两国特定需求相关的内容。

表 7.14　美国和加拿大机器人标准

序号	标准编号	标题	状态
1	ANSI/RIA R15.06—2012	工业机器人和机器人系统的美国国家标准——安全要求	发布(美国)

续表

序号	标准编号	标题	状态
2	CAN/CSA-Z434-14	工业机器人和机器人系统——一般安全要求	发布（加拿大）
3	ANSI/ITSDF B56.5—2019	无人驾驶、自动引导工业车辆和有人驾驶工业车辆自动化功能安全标准	2020 年 12 月生效（美国）

在美国，美国国家标准协会（ANSI）与工业卡车标准制定基金会（ITSDF）合作发布了一项新标准，该标准与适用于巡检机器人的自动化工业车辆有关。

7.2.5　结语

现有的技术委员会，如 IEC TC 59、IEC TC 62、IEC TC 116、ISO/TC 299、IEEE-RAS 和 IEEE-EMB，还没有开始制定与变电站机器人相关的技术标准。尽管如此，ISO 和 IEEE 一直致力于机器人技术的标准化及其通用应用。相关标准的制定和实施主要局限于变电站广泛使用机器人的国家（例如中国），标准内容涉及变电站巡检机器人的功能、性能、系统接口、操作和维护要求，以及计划或预期使用机器人的变电站的设计要求。

7.3　标准体系框架

根据前几节的分析，目前 IEC、ISO 或 IEEE 没有给出变电站机器人的相关标准。ISO/TC 299 已经开始制定机器人基础标准和通用标准，变电站机器人系统的标准化和进一步的技术研发需要给予更多的关注。因此，为了指导标准制定，促进技术成果共享，保证服务质量，本技术手册提出了一个变电站机器人系统的标准框架。

除各种类型的个性化机器人标准外，变电站机器人标准还可包括一些通用标准。根据机器人的生命周期，制定标准时可包括系统设计要求、功能与性能、测试、调试与验收、运维、报废与回收。应优先对技术成熟和用户要求明确的机器人进行标准化，例如室外变电站巡检机器人，因为这将有助于此类机器人在全球范围内得到更广泛的应用。

现拟建的变电站机器人系统标准体系框架如图 7.1 所示。

基本和通用标准子系统包括词汇标准、分类标准、安全标准等。

系统设计标准注重环境适应性、电磁兼容性、系统安全性、稳定性、可靠性等。

数据模型和接口定义标准适用于信息交换模型和接口设计、机器人系统和变电站信息系统之间的互联、机器人系统和操作员之间的交互。

功能和性能标准主要针对机器人系统的功能和性能要求（如建设、巡检、维护、操作功能等）。

测试标准包括测试验证机器人系统质量所需的功能和性能的方法。为了在变电站中更广泛地应用机器人系统，调试和验收标准也是强制性的，必须包括与施工和配置有关的方面，如与充电设施的安装及机器人通信和控制系统的调试有关的方面等，这些方面必须符合变电站的要求。在机器人应用到变电站后，用户可以根据相关验收标准进行验收测试。

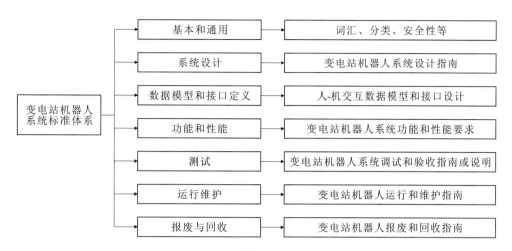

图 7.1 变电站机器人系统标准体系框架

对于变电站应用场合,除了符合现有的安全要求外,某些类型的机器人还需要有明确的工作程序和正确操作的指导。对于这类情形,也建议提供维护指导。

机器人通常配备多个传感器和电子元器件,其使用寿命会影响机器人系统的使用寿命。此外,由于零部件的再利用是环境保护的一个重要方面,故机器人及其零部件的回收利用越来越受重视。基于这些考虑,有必要制定变电站机器人的报废与回收标准。

因此,建议在系统或应用层面为每种类型的机器人制定标准,因为它们可能在功能、组件和应用场景方面有所不同。

7.4 建 议

开展变电站机器人系统的标准化工作,特别是制定相关标准,还需要做大量的工作,为此需要成立新的技术委员会。虽然 ISO/TC 299 一直致力于常规机器人的标准化,但以电工技术标准化为导向的 IEC 更适合电力行业机器人应用的标准化管理。IEC TC 11 架空线路、IEC TC 78 带电工作以及其他几个 IEC 技术委员会也可能致力机器人系统及其应用的标准化工作。如果将标准制定工作分配给不同的技术委员会,可能造成任务重复,同时可能导致对机器人系统中使用的相同或类似技术的规定有区别。另外,机器人系统标准的制定需要与其他技术委员会协调,这导致联络工作重复。因此,建议 IEC 设立一个新的技术委员会,以协调与电力行业机器人系统标准化有关的所有工作。

注:IEC/TC 129 发电输电和配电系统机器人技术委员会已于 2021 年 2 月 23 日 IEC 标准化管理局第 170 次会议上宣布成立。IEC/TC 129 秘书处设在中国,由国网山东省电力公司承担秘书处工作。中国电机工程学会副理事长范建斌先生担任秘书,国网智能科技股份有限公司李丽女士、中国电力科学研究院有限公司付晶女士担任秘书助理。IEC/TC 129 围绕机器人在发电、输电及配电系统的应用开展国际标准化工作。2021 年 10 月 13 日,该技术委员会正式投票并任命美国专家 Sergo Sagareli 先生为 IEC/TC 129 主席。

到目前为止,IEC/TC 129 共有 22 个成员国:

P 成员国(14 个):奥地利、中国、德国、西班牙、法国、英国、匈牙利、意大利、日本、韩国、荷兰、俄罗斯、瑞典、美国。

O 成员国(8 个):澳大利亚、瑞士、捷克、芬兰、卡塔尔、沙特阿拉伯、新加坡、乌克兰。

2021 年 10 月 14—15 日,IEC/TC 129 成功召开了第一次全体委员会议,来自 10 个国家的 30 余名代表参会。

基础标准和通用标准是制定针对更具体应用的标准的基础。因此,应优先制定以下标准:变电站机器人系统——词汇;变电站机器人系统——分类;变电站机器人系统——安全要求。

鉴于变电站巡检机器人系统的广泛应用,应尽快制定相关标准,特别是与产品质量直接相关的标准,包括变电站巡检机器人系统规范、变电站巡检机器人系统的测试方法。

8 结论

本技术手册全面总结了机器人技术在变电站的应用,涵盖建设、巡检、维护和操作;分析了变电站机器人的优势和挑战、发展趋势和标准化建议。

在面临劳动力短缺和人口老龄化问题的国家中,这些有关变电站建设的测量、设计、施工和巡检的机器人技术,是自动化技术的主要发展方向。在室内外环境、换流阀厅、变压器内部的设备巡检等方面,变电站巡检机器人已得到全面应用。GIS 巡检机器人正在研发中,基于 UAV 的巡检系统目前正在测试中。机器人可以执行许多复杂和高风险的维护任务,本技术手册还涵盖了用于水清洗、干冰喷射和刷洗的机器人原型。设计自动断路器操作机器人的目的是避免人与设备之间的直接接触,而设计消防机器人的目标是将火灾造成的危险和损失降到最低。

应用变电站机器人的好处包括降低人身安全风险、提高运维效率以及为资产管理提供信息支持。在变电站部署机器人还可以有效解决劳动力短缺、工作场所危害和无人值守操作等问题。

变电站运维所用机器人技术发展迅速。在准备撰写本技术手册时进行的调查显示,电力公司需要更经济、对恶劣环境适应性更好、功能更多、自主化和智能化程度更高、稳定性更好的机器人。为了提高产品和服务质量,应通过 IEC 来制定国际标准,以促进变电站机器人在全球应用。一般要求、机器人与公用设施之间的接口以及机器人系统技术要求方面的标准化,将确保更可靠的服务,避免重复研发,降低维护成本。

变电站机器人需要研究机构、制造商和电力公司开展持续研究和应用。在未来三到五年内,随着机器人技术、AI 和传感器技术的发展以及标准化的支持,变电站机器人技术将会取得显著进步,从而能够更好地为电网的安全、可靠运行服务。

附录 A　术语

A.1　一般术语

表 A.1　本技术手册使用的一般术语

缩写	含义
ACART	机器人技术应用咨询委员会
ANSI	美国国家标准协会
CARPI	国际电力机器人学术会议
CEC	中国电力企业联合会
FPL	佛罗里达电力照明公司
IEC	国际电工委员会
IEEE	电气和电子工程师学会
IEEE-EMB	IEEE 医学和生物工程学会
IEEE-RAS	IEEE 机器人技术和自动化学会
ISO	国际标准化组织
ITSDF	工业卡车标准制定基金会
JIS	日本工业标准
JISC	日本工业标准委员会
SGCC	中国国家电网公司
TB	技术手册
TEPCO PG	东京电力公司
WG	工作组

A.2 专业术语

表 A.2 本技术手册使用的专业术语

缩写	含义
AI	人工智能
AR	增强现实
BVLOS	超视距运行
CIM	施工-信息-建模/管理
DNN	深度神经网络
DR	数字径向
FCN	全卷积网络
GCP	地面控制点
GIS	气体绝缘开关设备
GNSS	全球导航卫星系统
GPS	全球定位系统
GUI	图形用户界面
HMI	人机界面
HSV	色相、饱和度和数值
HV	高压
ICP	迭代最近点
ICT	信息与通信技术
IMU	惯性测量单元
INS	惯性导航系统
IR	红外
LiDAR	激光雷达
LWIR	长波热红外
MEMS	微机电系统
O&M	运维
PD	局部放电

续表

缩写	含义
PMS	生产管理系统
PTU	云台单元
PTZ	云台变焦摄像机
QZSS	准天顶卫星系统
R-CNN	区域卷积神经网络
RI	放射性同位素
RPN	区域候选网络
RTK	实时动态定位
RTL	回到起始点
RTV	室温硫化硅橡胶
SCADA	数据采集与监控系统
SfM	运动结构恢复（一种三维重建算法）
SLAM	同步定位与地图构建
SSD	固态硬盘
SVM	支持向量机
TEV	暂态地电压
TOF	飞行时间
UAV	无人驾驶飞行器
UGV	无人地面车辆
UHF	特高频
VR	虚拟现实
WFD	波形数字化
YOLO	你只用看一次（一种目标检测算法）

附录 B　链接和参考资料

［B1］　ISO 8373：2012，Robots and robotic devices—Vocabulary. ISO，Geneva，Switzerland，2012，https：//www. iso. org/obp/ui/♯iso：std：iso：8373：ed-2：v1：en.

［B2］　IEEE 1872-2015，IEEE Standard Ontologies for Robotics and Automation. IEEE，Piscataway，NJ 088544141 USA，2015，https：//standards. ieee. org.

［B3］　J. Allan，J. Beaudry. "Robotic systems applied to power substations—A state-of-the-art survey." International Conference on Applied Robotics for the Power Industry IEEE，2015.

［B4］　L. Li，D. Li，Y. Li，et al. "A state-of-the-art survey of the robotics applied for the power industry in China." International Conference on Applied Robotics for the Power Industry IEEE，2016：1-5.

［B5］　SKY-Mapper，Drones for Professionals. NIKON-TRIMBLE CO. ，LTD. ，Japan.

［B6］　Sky i Scanner 1，NIPPON INSIEK CO. ，LTD. ，Japan.

［B7］　Case Studies of Construction CIM in 2016. Japan Federation of Construction Contractors，Japan.

［B8］　To the generation of construction ICT. Nichii consultant Co. ，Japan.

［B9］　Virtual reality geological modelling for the Horonobe Underground Research Project. Taisei Corporation，Japan.

［B10］　S. Ichihara，T. Kobayashi，M. Yoshida，et al. "Improvement in substation design and construction through application of 3D modelling." CIGRE 2018 Paris Session.

［B11］　https：//www. kajima. co. jp/tech/c_dam/inherent/index. html.

［B12］　Next Generation Construction Production System Focusing on Automation Technologies of Construction Machines. Kajima Corporation，Asian Civil Engineering Coordinating Council，Japan.

［B13］　Remote control device "surrogate"，robotization for general heavy machinery. Joint development product of Obayashi Corporation and Taiyu Corporation，Japan.

［B14］　ICT unmanned construction technology，Japan.

［B15］　Development of Automatic Field Welding Method "T-iROBO ® Welding." Taisei Corporation，The center reports No. 50，Japan.

［B16］　Development of the Autonomic Cleaning Robot "T-iROBO ® Cleaner." Taisei Corporation, The center reports No. 49, Japan.

［B17］　Development of Concrete Slab Finishing Robot "T-iROBO ® Slab Finisher." Taisei Corporation, The center reports No. 49, Japan.

［B18］　Development of Rebar Binding Robot "T-iROBO Rebar." Taisei Corporation, The center reports No. 50, Japan.

［B19］　Developed "Automatic RI Testing Robot" and confirmed shortening of working time to compaction test. Takenaka Corporation, Japan.

［B20］　Z. Kovacic, B. Balac, S. Flegaric, et al. "Light-weight mobile robot for hydrodynamic treatment of concrete and metal surfaces," 2010 1st International Conference on Applied Robotics for the Power Industry, Montreal, QC, 2010.

［B21］　Case Studies of Construction CIM in 2016. Japan Federation of Construction Contractors, Japan.

［B22］　Remote control device "Robo," results of disaster dispatch etc. Construction company, Japan.

［B23］　Trajectory tracking control and calculation of trajectory for construction equipment. Kajima Corporation, SICE-SI, Japan.

［B24］　Unmanned construction technology of Kumagaya-gumi: Achieved safety and certainty in disaster recovery work. Kumagai Gumi Co., Ltd.

［B25］　Civil engineering technology. Construction company, Japan.

［B26］　Y. Yi, Y. Cao, B. Liu, et al. "The information integration mode research of 500kV unattended-operation substation," 2008 IEEE Power and Energy Society General Meeting—Conversion and Delivery of Electrical Energy in the 21st Century, Pittsburgh, PA, 2008.

［B27］　H. Takahashi. "Development of patrolling robot for substation." Japan IERE Council, Special Document R-8903, 1989:10-19.

［B28］　H. Zhang, B. Su, H. Song, et al. "Development of a mobile robot for substation equipment inspection." Automation of Electric Power Systems, 2006,13(30):94-98.

［B29］　R. Guo, L. Han, Y. Sun, et al. "A mobile robot for inspection of substation equipment." International Conference on Applied Robotics for the Power Industry IEEE, 2010:1-5.

［B30］　B. Wang, R. Guo, B. Li, et al. "SmartGuard: An autonomous robotic system for inspecting substation equipment." Journal of Field Robotics, 2012,1(29):123-137.

［B31］　H. Chen, X. Wang, B. Xu. "Study on digital display instrument recognition for substation based on pulse coupled neural network," 2016 IEEE International Conference on Information and Automation (ICIA), 2016(8):1801-1806.

［B32］ L. Li，P. Li，M. Yang，et al. "Research on abnormal appearance detection approach of electric power equipment." Optics & Optoelectronic Technology，2010,8(6):27-31.

［B33］ L. Li，B. Wang，W. Wang，et al. "An automatic status recognition approach for outdoor high voltage circuit breaker based on power station equipment monitoring robot." Bulletin of Science & Technology，2011,27(5):732-736.

［B34］ W. Wang，S. Wang，Z. Xu，et al. "Optimal ellipse fitting algorithm of least squares principle based on boundary," Computer Technology and Development，2013,23(4):67-70.

［B35］ W. Wang，S. Wang，Z. Xu，et al. "Status recognition of isolator based on SmartGuard." 5th International Conference on Digital Image Processing，2013.

［B36］ J. Beaudry，S. Poirier. "Véhicule téléopéré pour inspection visuelle et thermographique dans les postes de transformation." IREQ-2012-0121 report，57 p.，November 2012.

［B37］ S. Lu，Y. Li，T. Zhang. "Design and implementation of control system for power substation equipment inspection robot." IEEE/RSJ International Conference on Intelligent Robots and Systems，2009(10):93-96.

［B38］ H. Wang，X. Xie，R. Liu. "Combination of RFID and vision for patrol robot navigation and localization." Control Conference IEEE，2010:3649-3653.

［B39］ P. Xiao，C. Zhang，H. Feng，et al. "Research on GPS navigation for substation equipment inspection robot." Transducer & Microsystem Technologies，2010.

［B40］ P. Xiao，Y. Luan，R. Guo，et al. "Research on the laser navigation system for the intelligent patrol robot." Automation & Instrumentation，2012.

［B41］ P. Xiao，R. Guo，Y. Luan，et al. "Design of a laser navigation system for substation inspection robot." International Conference on Control and Automation IEEE，2013:739-743.

［B42］ P. Xiao，M. Fu，H. Wang，et al. "Design of a 2D laser mapping system for substation inspection robot." International Conference on Applied Robotics for the Power Industry，2016:1-5.

［B43］ X. Xie，H. Wang，R. Liu，et al. "3D terrain reconstruction for patrol robot using Point Grey research stereo vision cameras." Proceedings of the International Conference on Artificial Intelligence and Computational Intelligence，2010：47-51.

［B44］ M. Zuo，G. Zeng，X. Tu. "Research on navigation of substation patrol robot based on guideline visual recognition." International Conference on Electrical and Control Engineering，2010:4751-4754.

［B45］ X. Xie，H. Wang，Q. Luo. "Obstacle detection for patrol robot using Bumblebee2 stereo vision system. " Proceedings of the 3rd International Conference on Measuring Technology and Mechatronics Automation (ICMTMA)，Applied Mechanics and Materials，2011:749-752.

［B46］ H. Wang，Z. Ren，J. Li，et al. "Ultrasonic detection device design based on substation intelligent inspection robot. " International Conference on Applied Robotics for the Power Industry IEEE，2016.

［B47］ C. Li，L. Li，G. Wu，et al. "A visual 3D modelling system for the robot autonomous obstacle negotiation in substation. " International Conference on Applied Robotics for the Power Industry，2016.

［B48］ L. Li，B. Wang，H. Wang，et al. "Road edge and obstacle detection on the Smart-Guard navigation system. " International Conference on Applied Robotics for the Power Industry IEEE，2015.

［B49］ A. Asvadi，C. Premebida，P. Peixoto，et al. "3D Lidar-based static and moving obstacle detection in driving environments: An approach based on voxels and multi-region ground planes. " Robotics and Autonomous Systems，2016(83):299-311.

［B50］ S. Huang，X. Li，Z. Zhang，et al. "Deep learning driven visual path prediction from a single image. " IEEE Transactions on Image Processing，2016,12(25):5892-5904.

［B51］ J. Cao，C. Li，D. Huang，et al. "Research of thermal management technology for battery of robot working in alpine region. " International Conference on Applied Robotics for the Power Industry IEEE，2016:1-4.

［B52］ P. Xiao，H. Wang，L. Cao，et al. "Control system design of PTZ for intelligent substation equipment inspection robot. " Manufacturing Automation，2012(1): 105-108.

［B53］ L. Li，B. Wang，B. Li，et al. "The application of image based visual servo control system for smart guard. " International Conference on Control and Automation IEEE，2013:1342-1345.

［B54］ H. Fang，X. Cui，L. Cui，et al. "An adapted visual servo algorithm for substation equipment inspection robot. " International Conference on Applied Robotics for the Power Industry IEEE，2016.

［B55］ X. Cui，H. Fang，G. Yang，et al. "A new method of digital number recognition for substation inspection robot. " International Conference on Applied Robotics for the Power Industry IEEE，2016.

［B56］ H. Li，B. Wang，L. Li. "Research on the infrared and visible power-equipment image fusion for inspection robots. " International Conference on Applied Robotics for the Power Industry IEEE，2010:1-5.

［B57］ I. E. Portugués，P. J. Moore，I. A. Glover，et al. "RF-based partial discharge early warning system for airinsulated substations. " IEEE Transactions on Power Delivery，2009,

1（24）：20-29.

［B58］ K. Sun，C. Fu，T. Jia，et al. "Simulation test system for substation patrol robot." International Conference on Applied Robotics for the Power Industry IEEE，2016.

［B59］ C. A. Veerappan，P. R. Green，S. M. Rowland. "Visual live-line condition monitoring of composite insulators." International Conference on Applied Robotics for the Power Industry IEEE，2010：1-6.

［B60］ K. Gomez. "Power company uses robots to check substation equipment." FERRET，19 September 2013.

［B61］ J. Beaudry，J. F. Allan. "Electrical substation inspection and intervention robot，field experiments." International Conference on Applied Robotics for the Power Industry IEEE，2015.

［B62］ J. Beaudry，J. F. Allan. "Robotic inspection and intervention in electrical substations，system proposal and field results." Proceedings of the CIGRÉ Canada Conference，CIGRÉ-429 paper，2014.

［B63］ L. Walters. "Transpower to use robots to monitor electricity grid," Stuff. co. nz，2013-09-19.

［B64］ "Substation Robot," Fact Sheet，Transpower，September 2013 ［accessed on July 4，2018］. https：//www. transpower. co. nz/sites/default/files/plain-page/attachments/TP Sub Station Robot Fact Sheet PRINT Sept'13. pdf.

［B65］ Transpower New Zealand Ltd.，"Our robotic future"，Gridlines，Issue 66，3 p.，Nov. 2017.

［B66］ "Transpower's new substation robot pilot programme"，Voxy. co. nz，July 12，2018 ［accessed on July 13，2018］. http：//www. voxy. co. nz/business/5/315912.

［B67］ A. Meranda. "Using tomorrow's technology today." FPL Blog，Mar 28，2018 ［accessed on July 5，2018］. http：//www. fplblog. com/using-tomorrows-technology-today/.

［B68］ R. Woods. "FPL installs substation robot in Palm Beach Gardens." CBS12. com，April 11，2018 ［accessed on July 5，2018］. http：//cbs12. com/news/local/fpl-installs-substation-robot.

［B69］ L. Waters. "Video：FPL's new robotic substation caretaker." The Palm Beach Post，YouTube，April 11，2018 ［accessed on July 5，2018］. https：//www. youtube. com/watch?v＝xraYYjjjeGY.

［B70］ "NYSEG and RG&E Testing Drones—A New Tool for the Reliability Tool Box." NYSEG，2015 ［accessed on July 6，2018］. https：//www. nyseg. com/ OurCompany/News/2015/120715drones. html.

［B71］ D. J. B. S. Sampaio，V. G. S. Sousa，R. Glatt，et al. "Thermographic inspection using a microcontrollerbased camera positioning system." International Conference on Applied

Robotics for the Power Industry IEEE，2015.

[B72]　J. K. C. Pinto，M. Masuda，L. C. Magrini，et al. "Mobile robot for hot spot monitoring in electric power substation." Transmission and Distribution Conference and Exposition IEEE，2008.

[B73]　X. Zhao，Z. Liu，Y. Liu，et al. "Structure design and application of combination track intelligent inspection robot used in substation indoor." Procedia Computer Science 2017 (107):190-195.

[B74]　Z. Liu，X. Zhao，J. Sui，et al. "PTZ control system of indoor rail inspection robot based on neural network prediction model." Procedia Computer Science，2017(107):206-211.

[B75]　M. Hu，H. Wang，Y. Chang，et al. "Design and analysis of a non-destructive detecting mobile platform for gas insulated switchgear." International Conference on Applied Robotics for the Power Industry IEEE，2016.

[B76]　F. Ma，S. Dian，H. You，et al. "Development and application of robot with foreign matters cleaning function inside the GIS cavity." Ningxia Electric Power，2017(2):43-47.

[B77]　J. Li，J. Su，M. Fu，et al. "Research and application of the Water Washing Robot with hot-line working used in 220kV open type substation." International Conference on Applied Robotics for the Power Industry IEEE，2016.

[B78]　X. Dong，H. Lu，Y. Wang，et al. "Finite element analysis and vibration control of the Substation Equipment Water Washing Robot with Hot-line." International Conference on Applied Robotics for the Power Industry，2016.

[B79]　X. Dong，H. Lu，Y. Wang，et al. "Kinematics analysis and simulation of the Substation Equipment Water Washing Robot with Hot-line." International Conference on Applied Robotics for the Power Industry，2016.

[B80]　S. Zheng，S. Li and J. Lian. "Finite element analysis and vibration control of the Substation Charged Maintenance Robot." International Conference on Applied Robotics for the Power Industry，2016.

[B81]　X. Zhang，G. Wu，P. Wang，et al. "The research and design of automatic sweeping device of substation post insulator." International Conference on Applied Robotics for the Power Industry，2016.

[B82]　T. Kawamura，S. Mori，E. Kawagoe，et al. "Humanware oriented operation and maintenance of substation in Japan." 1994 CIGRE Paris session，23-103，Aug-Sep. 1994，Paris.

[B83]　CBS arc safe. https://cbsarcsafe.com/products/.

[B84]　ULC Robotics. https://ulcrobotics.com/network-innovation-and-energy-industry-research-and-development/breaker-racking-robot/.

[B85]　A. U. Shamsudin，K. Ohno，R. Hamada，et al. "Two-stage hybrid A* path-planning in large petrochemical complexes." 2017 IEEE International Conference on Advanced Intelligent

Mechatronics（AIM），Munich，2017：1619-1626.

　　［B86］　A. U. bin Shamsudin，N. Mizuno，J. Fujita，et al. "Evaluation of LiDAR and GPS based SLAM on fire disaster in petrochemical complexes." 2017 IEEE International Symposium on Safety，Security and Rescue Robotics（SSRR），Shanghai，2017：48-54.